普通高等教育应用技术型院校艺术设计类专业规划教材　总主编/许开强　胡雨霞　章　翔

建筑装饰材料与施工工艺

主　编　张　晶　张　柳　杨　芬
副主编　张善军　丁雅晴

合肥工业大学出版社

图书在版编目（CIP）数据

建筑装饰材料与施工工艺/张晶等主编.—合肥：合肥工业大学出版社，2019.3

ISBN 978-7-5650-2868-7

Ⅰ.①建⋯　Ⅱ.①张⋯　Ⅲ.①建筑材料–装饰材料–高等学校–教材②建筑装饰–工程施工–高等学校–教材

Ⅳ.①TU56　②TU767

中国版本图书馆CIP数据核字（2016）第164412号

建 筑 装 饰 材 料 与 施 工 工 艺

主　　编：张　晶　张　柳　杨　芬　　　责任编辑：王　磊

书　　名：普通高等教育应用技术型院校艺术设计类专业规划教材——建筑装饰材料与施工工艺

出　　版：合肥工业大学出版社

地　　址：合肥市屯溪路193号

邮　　编：230009

网　　址：www.hfutpress.com.cn

发　　行：全国新华书店

印　　刷：安徽联众印刷有限公司

开　　本：889mm×1194mm　1/16

印　　张：9.5

字　　数：290千字

版　　次：2019年3月第1版

印　　次：2019年3月第1次印刷

标准书号：ISBN 978-7-5650-2868-7

定　　价：58.00元

发行部电话：0551-62903188

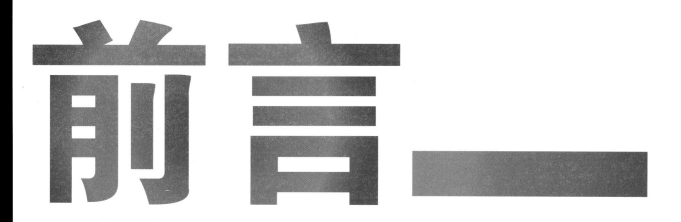

前言

环境设计学科是一项系统工程，它涉及艺术和科学两大领域的许多内容，具有多学科交叉、渗透、融合的特点，非常需要有与之相适宜的教育内容体系。

正是基于培养符合新时代要求的环境设计人才之目的，我们组织编写了这本书。本书的编写者都是各个高校有着多年教学经验和实践经验的教师。本书将传统的人文观念、环境美学与现代艺术表现形式相结合，其内容具有一定的时代特征和时尚导向。它强调理论与实践并重，突出了以设计实践案例来验证理论的思想。

本书在介绍传统建筑装饰材料的基础上，重点介绍新型装饰材料的性质与应用，主要包括常用石材、木材、玻璃、陶瓷、塑料、金属、涂料、装饰织物与制品等，每章中都包含了装饰材料在工程中的实际应用的案例分析。为方便教学与施工应用，本书强调图文并茂、理论与实际相结合。

本书立足于实际教学，着眼于行业发展，力求最大限度地提高读者的理论和实践能力。简而言之，本书具有以下特点：

(1) 内容全面、系统，详细介绍了装饰材料的形成、加工、类型及适用领域。

(2) 实践性强。本书集教学和实践训练于一体，注重对读者实践能力的训练和培养。本书通过大量国内外优秀实际案例来讲解相关知识应用，旨在开阔用书者的视野，拓展想象思维，有利于提高个人的创新能力。

(3) 图文并茂。本书涵盖了市场中目前流行的装饰材料，图片丰富详尽，有助于读者加深对装饰材料的感性认识，同时加深对施工工艺操作的理解。

本书的绪论部分与第1、2、3、4、6章由张晶老师负责编写，并承担了统稿工作；第5、7、8章由杨芬老师负责编写；第9、10、11章由张柳老师负责编写；张善军老师、丁雅晴老师参与了全书各章节相应内容的编写。

本书由于涉及面较宽泛，错误和不完善之处还希望有关专家和广大读者提出宝贵意见。由于诸多原因，书中部分网络图片未能得到原作者的同意，在此表示深切歉意！

编　者

2019. 1. 12

目录
contents

1

2

3

4

5

绪 论

在人类历史阶段中的绝大部分时期，他们并不在意建筑物的风格或体系，但肯定关心过自己的住处，而住处往往是天然造就的，或为洞穴，或为天然的遮蔽处所。用材料划分时代是一大发明：旧石器时代、新石器时代、青铜时代、铁器时代等，这说明材料与人类的生产方式与生产力的发展息息相关。

图 0-1 阿尔瓦·阿尔托 芬兰珊纳特赛罗市政厅

有一种说法认为"材料带动设计"，许多人不以为然。如果从绝对的角度看这句话，的确可以举出许多反例，前现代时的建筑发展历程很能说明问题，当时铁和玻璃两种材料已经得到广泛运用，但对设计的触动不大，新材料和技术并没有必然地带来新的形式和新的风格。反过来，新的审美趣味也可以通过传统的材料来实现，最典型的莫过于西班牙建筑师高迪的作品，他的许多建筑空间奇异、形式怪诞，大大超乎普通人的想象力，他就是用最古老的建筑材料——石头来完成这些建筑的。同样，现代主义大师芬兰建筑师阿尔瓦·阿尔托也长期致力于运用砖、木材、石材等传统建筑材料表现现代的审美趣味。在阿尔托手里，这些传统的建筑材料有了别样的意味，温情脉脉地提示着人们生活的多样性（图 0-1）。这些例子都在说明，设计师挖掘了材料的表现力，那么材料如何带动设计呢？

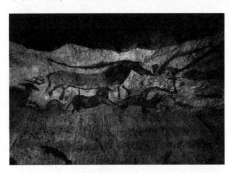

图 0-2 法国拉斯科（Lascaux）的洞穴群壁画

迄今已有两千年历史的法国拉斯科（Lascaux）的洞穴群是很好的证明（图 0-2）。一些最早的记载显示，遗存下来的还有另一些构筑物，如巨石阵、纪念碑、祖坟墓。巨石建筑物中最简单的形式是直立式石柱，其中最著名的新石器时期的宏伟建筑遗迹乃是石栏，早期英国人在近 1000 年的历史时期修建并重建过这一建筑，他们似乎将它当作天文观测所了。原始的住房将芦苇捆在一起，这些形式和方法传给了较永久性的建筑。一旦遮蔽风雨问题得到解决，人们就开始致力于解决公共生活的需求问题。这方面最大的成就往往是建成一些具有神圣特征的建筑物，礼拜场所或墓地和纪念性建筑。因此，建筑风格史便是铭记在土坯、混凝土、钢材、玻璃、木材和石材上的一部文明史。

在远古文明中，当地材料几乎总是仅有的容易获得的材料，而这种材料对此后每一后继的建筑风格都产生影响。最基本的早期建筑材料是木头、茅草和芦苇以及各种石头、土坯和砖。此后，人们从碎石、砂和石灰黏合的毛石制成了混凝土和水泥。泥浆和砖建成的房子，其墙体又大又厚，而门窗口却很小，这些形式又传给宏伟的石材建筑物。在古代波斯和美索不达米亚，那里建筑用的石材相当缺乏，因此，砖结构一直是标准，但是，从一开始，砖结构的表面就有石质的或陶质的贴画，起到装饰和耐久的双重作用。从西班牙到印度的有贴画的建筑，最初都起源于古代美索不达米亚的黏土砖城镇建筑传统。

石头是最古老的建筑材料之一。早期的石屋，是由收集来的散石块堆砌而成，而同时又对基地起整洁平整作用。在世界各地都出现过类似于早期木质棚屋的卵石棚屋。此后，石质建筑仍旧采用粗糙的石材，就地雕琢这些天然岩石。在历史上，一种衰亡的或者被征服的文明的石质建筑，往往成为后来文明方便的原材料。古罗马人沿用了伊特鲁里亚人的建材，后来人又抢了古罗马人，如此继续下去是帕拉第奥建筑中固有的组成部分，不仅在文艺复兴时期的欧洲，而且，在英格兰和美洲，亦是如此。流行的复古风格的古典建筑在很大程度上采用石砌结构。所有早期文化都为他们的宏伟建筑开采石材，哥特式建筑则采用较小型的雕刻过的石材单元，以期实现肃穆庄严的效果，但是，这些建筑依然属于以重力为主来保持平衡的建筑。

当材料被采用时，梁柱结构便成为普通的建筑方法。这种做法甚至在出现了以其他材料代替木质原型之时仍然被沿用。人们用石头复制了原先木结构制成的典型的古希腊、古罗马古典建筑，甚至连大多数典雅的细部都做得让人看起来似乎源于真正的木结构模型。在中国和日本，木材依旧是普通的建筑材料，除非是用作城堡工事，而梁柱式做法则经过演变而成了复杂的支持屋顶的斗拱系统。帕特农神庙是古希腊时期古代世界最伟大的建筑，也是梁柱结构的典型代表。它是雅典卫城中最豪华的建筑，全部用白色大理石砌成。当年的帕特农神庙为铜门镀金，山墙顶上的装饰是用金子做成，陇间板、山花和圣堂墙垣的外檐壁上布满了菲底亚斯主持制作的雕刻。而建筑被涂上了漂亮的色彩：以红色和蓝色为主，兼以金箔点缀。为了修建这一神庙，雅典城的人民进行了长期的备料活动，仅在山中开采神庙用的大理石就花了20年的时间。帕特农神庙代表了古希腊多立克柱式建筑的最高成就，比例匀称，风格刚劲，庄严和谐（图0-3）。

图0-3 古希腊的帕特农神庙

建筑形象的发展永远离不开建筑材料的合理运用与更新。从远古文明起，建筑材料的运用就是建筑设计的内在组成部分。建筑材料与建筑设计的紧密结合似乎是成功建筑的必要条件，而建筑材料与建筑形象的融合则是建筑设计的理想目标。

古埃及的金字塔采用天然石头建造而成，巨大的金字塔和人面狮身像是用230万块重2.5吨的巨石砌成，它屹立在尼罗河畔，以简洁的几何形状和朴素的质感塑造出壮观的"大漠孤烟直，银河落日圆"的艺术形象，80多座屹立在尼罗河畔沙漠中的金字塔，向我们展示了一个灿烂辉煌的古代文明。公元前四千年，古埃及人就已用光滑的大块花岗石板铺地面。首先，采石工艺要先进，磨光大理石也是了不起的工艺。在金字塔内没有经过风化的石块，石块之间砌筑得严丝合缝，在今天仍然连刀片都插不进去。其次，巨大石块的切割、搬运都是非常困难的事。因为在那时，古埃及人还没有制造出铁器，也没有发明车子。在中王国时期，青铜工具还不多，却用整块石材制作了几十米高的方尖碑，细长的比例约为1：10，时至今日这样巨大的石块的加工、制作、搬运和竖立都是难以想象的事。

在西亚的苏美尔—阿卡德文化与古埃及文化一样古老，这些古代曾生活在美索不达米亚—巴比伦尼亚的人创造了世界上最早的文明。古代两河流域的人们崇拜天体和山岳，他们曾经建造了规模巨大的山岳和天体，一种用土坯砌筑或夯土而成的多层高台。由于美索不达米亚人用的建筑材料为土坯和砖，因此，保存下来已属不易。但是正是由于这种自然材料的使用，使他们发明了琉璃，以防止土坯群建筑遭暴雨冲刷和侵蚀。琉璃作为一种建筑材料在中国被广泛采用，但在公元前 3000 年由两河流域的人在生产砖的过程中最早发明，这应当说是两河流域人在建筑上最突出的贡献。公元前 6 世纪前半叶建起来的新巴比伦城，重要的建筑物已大量使用琉璃砖贴面。如保存至今的新巴比伦城的伊什达城门，用蓝绿色的琉璃砖与白色或金色的浮雕作装饰，精美异常。

对于古罗马建筑来说，拱券和混凝土技术是罗马建筑最大的特色，也是最大的成就。出色的拱券结构技术使罗马无比宏伟壮丽的建筑有了实现的可能。拱券结构的发展又是因为罗马人大量应用了天然混凝土。罗马人用活性火山灰，加上石灰和其他骨料，合称为"土敏土"。它凝结力强，坚固，不透水，起初只是用来填充石砌的基础、台基和墙垣砌体里的空隙，后来成为独立的建筑材料。到公元 1 世纪中叶，天然混凝土在拱券结构中几乎完全排斥了石块，从墙角到拱顶全用混凝土。罗马人在建筑中进行现场的浇注，喜欢用可拆卸的模板，其施工工艺几乎与现代人没什么区别。混凝土的原料开采和运输都比石材廉价方便，而用碎石作骨料可减轻结构的重量，这在建筑史上具有划时代的意义，它的巨大影响是无法估量的。由于拱券与混凝土的结合而舍弃了柱子从而为空间设计展开了一个新的世界。公元 2—3 世纪，混凝土的拱券和弯顶的跨度就很可观了，最突出的代表便是罗马万神庙。罗马城的万神庙，弯顶直径达 43.3m，并保持了长久的记录。同时，拱券技术的发展使得屋顶的形式也发生了根本的变化，由平顶、坡顶发展到拱顶和穹顶，特别是穹顶（图 0-4）。在拜占庭时期得到进一步发展和完善，使得穹顶建筑的内部空间形象更加丰富，外部空间形象更加突出。

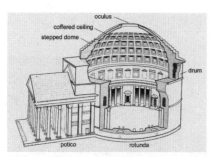

图 0-4 罗马城的万神庙

其代表作如圣索菲亚大教堂，灿烂夺目的内部空间形象是由玻璃马赛克和纹理如同波浪的彩色大理岩构成的。人们走进教堂时，就觉得自己好像来到了一片百花盛开的草地，这种玻璃马赛克的装饰手法还启发了哥特式教堂彩色玻璃窗的使用。当阳光照耀时，教堂内部被渲染得五彩缤纷，如同朝霞，平和吉祥，洋溢着欢乐的情趣。教堂的外部形象则因其拱券的使用而具有向上的动势，既体现了弃绝尘寰的宗教思想，又展示了蓬勃的景象，为城市风景增添了新的景观。就在西方石材建筑蓬勃发展之时，东方的砖木结构建筑也一枝独秀，从雄伟的万里长城到应县释迦牟尼木塔，从秦砖汉瓦到琉璃瓦，从青瓦白墙的徽州民居到金顶红墙的紫禁城，无一不体现出建筑材料对建筑形象的形成所起的重要作用。

由于历史上有关材料和结构的重大变化不多，而文化思潮、艺术等意识却随社会的发展而不断地发展，相应的建筑物的形象更替交错、缤纷夺目，因而造成一种错觉，似乎建筑形象的发展与物质技术条件关系不大。事实上，每一种材料和结构方式，在造型上都有很大的潜力和很广阔的天地，关键是如何选择和合理地使用。而材料和技术每向前发展一步，建筑形象也就产生一次变革，甚至飞跃。

18 世纪开始，英国产业革命使得工业生产建材取得了进步。特别是近代工业大生产的发展，促使了新的建筑材料技术的出现和新材料日新月异的发展，突破了传统建筑的高度和跨度的局限，因而必然影响到建筑形象的变化。

1851 年建造的伦敦"水晶宫"展览馆，可以说是近代建筑形式的里程碑。其用铁架和玻璃形成的广阔透明的空间，创造了无与伦比的建筑新形象。这种形象是传统的建筑材料所无法造就的，体现了帕克斯顿的聪明才智，也再一次说明新材料、新技术为建筑设计与创作开辟了更为广阔的天地，不仅很好地满足了建筑不断发展和日益多样化的要求，而且也赋予建筑以崭新的面貌和多种多样的艺术形式（图0-5）。

格罗皮乌斯（新建筑运动的奠基者和领导人之一）设计的包豪斯校舍，按照现代建筑材料和结构特点及建筑本身的要素创造出一种前所未见的清新活泼的建筑艺术形象。另一位大师勒·柯布西耶对混凝土情有独钟，其20世纪50年代的设计，主要是探索有机形式和表现建筑材料的特性。如马赛公寓，其粗糙的混凝土表面，宛若厚重的雕塑，极富质感和力感。钢和玻璃是现代建筑中广泛应用的材料，建筑大师密斯正是抓住了这两种材料

图0-5 伦敦"水晶宫"展览馆

在建筑艺术造型中的特性和表现力而创造了"密斯风格"和"国际风格"并盛行不衰。其杰作西格拉姆大厦，具有一种非凡的典雅气氛，远远望去给人一种轻巧而庄重的感觉，其崭新的建筑形象风靡全球。这再一次说明材料对于建筑创新所起的巨大的推动作用。

随着科技的发展，金属材料在建筑中的应用也越来越广，使用范畴已从结构延伸到装饰。从室内的镜面不锈钢包柱，到室外的复合铝材墙板，从铝合金门套、店面到第五立面的压型复合钢板屋顶，随处可见金属材料在建筑中的运用。金属材料的高度工业化，使人联想到现代的尖端科技，也给建筑的外观形成统一的格局。同时，金属材料丰富的色彩和多样化的产品，使建筑物具有丰富的可塑性和时代感。由此看来，随着材料工业的发展，利用材料的特性来增强建筑表现力的前景是十分宽广的。

任何建筑创新总是以一定的建筑材料和建筑技术为基础的，材料发展技术的进步对于建筑形象的发展是一种强大的推动力量。因此，作为一名优秀的建筑设计师，必须常常想到新型建筑材料是随着社会的发展不断丰富的，巧妙地发挥这些材料的特性，将可能创造出以往难以想象的现代建筑新形象。

帐篷是远古时代人类居住的重要场所，是最早的索膜建筑。20世纪70年代以后，高强度，防水、透光并具有表面光洁、易清洗、抗老化等特点的建筑用膜材料的出现以及工程计算科学的飞速发展，使索膜建筑以轻便、快捷的优势和优良的可塑性与连续性，在体育馆、剧场等大跨度、大空间建筑的防护体系方面得到充分的运用，并产生了各种各样的建筑形式和新颖的建筑艺术，从而越来越受到建筑师的青睐。

屋顶是建筑造型的重要元素之一，也是构成建筑形象的重要组成部分。而索膜材料的优势便是方便建构形式多样的建筑物屋顶。1994年建成的丹佛国际机场杰森航厦是采用特普龙防水织物布膜做屋盖的巨型建筑，是当今标志性的索膜建筑之一（图0-6）。布膜的透光率可达20%，白天无须人工照明，在阳光照射下，

由膜覆盖的建筑物内部充满漫射光，使室内的空间视觉环境开阔和谐，自然光又使植物生长茂盛，给大厅提供了清新的空气，也缓和了公共建筑中难以处理的喧哗，而布膜高达70%的反射率，又使大厅光线柔和，形成良好的庭院效果。夜晚建筑物内透出的朦胧亮光显现出梦幻般的神奇效果，由于造型独特，远远望去像是丹佛外缘白雪覆顶的落基山的延续，又宛若印第安人居住的营帐，形成奇特的景观。设计者将建筑造型与自然环境和地方文化

图0-6 丹佛国际机场杰森航厦

相结合，使进出丹佛的人们感受到了独特的地方特色。

　　耸立于东海之滨、浦江之畔的金茂大厦，也是材料与形象有机结合的成功之例。无论是光洁灿烂的玻璃幕墙、金碧辉煌的电梯大堂，还是刚柔相济的花岗岩与不锈钢线条相结合的群房，以及用表面经过搪瓷处理的玻璃和铝材装饰的风格独特的波浪形屋顶和大窗，均展示出设计风格与建筑材料的巧妙结合，是一座跨世纪的标志性建筑。

　　每种材料都有它各自独特的设计语汇并表现在建筑物之中。此外，材料的其他因素为质感和修饰。共有五大类材料，即石质材料，由石头和黏土构成，可以在地上找到自然状态的土石；有机材料，诸如各种木材、金属材料，又被制造成精炼的产品，诸如钢和铝、铜等其他合金；合成材料，包括玻璃和银料；混合材料，如钢筋混凝土和其他两种或多种材料的结合。

　　每种建筑材料都有各自适度的尺寸。砖头是一种标准尺寸的砖结构单位，其大小足以让一只手抓起来。混凝土块则大一些，但它们往往能用两只手抬起来。木头的纹理和颜色，可以提供人们熟悉的与人体尺度相关的式样和质地，而不管木材多大。混凝土有极大的适应性和多样化，能够浇灌形成很美丽的雕塑形象。预制混凝土装饰板相对较小的尺度与人体尺度有关，露钢结构则给人以尺度感。当然，当同一座建筑中采用各种不同的材料时，大小的性质是变化的。它们彼此影响和加强，或者相互结合，或者相互对比。

　　钢筋混凝土是一种人工的整体材料，来源于钢筋和混凝土的混合。这种材料像石头一样坚固，但相对而言，既有弹性、可塑性，生产起来又十分经济。它具有无须饰面、可快速施工和防火等长处。20 世纪的建筑设计中，采用钢筋混凝土施工的做法，使旧有的建筑方法彻底改观。用这种材料进行建设，建筑物的表面朴实，而且不一定宜于施加装饰面，这便导致了不加修饰的新一代建筑物的诞生。

　　20 世纪建筑所采用的材料为设计师表现创作开辟了诸多的可能性，如悬挂式斜坡墙。现代建筑师还认识到了仅仅通过借助材料就能实现的效果，即粗犷的混凝土结构能突出墙体的有力，而玻璃幕墙，则使墙体不显眼。如今可供选用的建筑材料种类极其繁多，不同材料的创造性结合极大程度地扩大了设计的选择范围。从远古文明起，材料运用就是建筑设计的内在组成部分。某些形式则是材料设计语言的内在组成部分。材料与形式的融合是建筑设计的理想目标。设计中最致命的错误是把适合于某种材料的设计形式用到了另一种材料上面。材料和设计的紧密统一似乎是成功建筑的必然结果，因此，越来越难于确定到底设计是材料的结果，还是材料被选中用来表现设计的意图。

　　从建筑发展的历程看，建筑空间和形体的变化无不伴随着材料技术的发展与突破，从远古东方的土木结构和西方的石砌结构，从古罗马天然水泥的使用，到 18 世纪钢铁结构的发明，直至今天形式繁多、性能各异、色彩丰富的现代材料的使用，都说明建筑材料是光辉灿烂的建筑空间文化和造型艺术的直接缔造者。

第1章 建筑装饰材料概述

学习目标

掌握常见建筑装饰材料的分类。

重难点

了解绿色建材的类型和特点。

训练要求

查阅并了解绿色建材的未来发展趋势。

随着科学技术的不断发展及人民生活水平的不断提高，建筑装饰越来越成为各国极其重视的行业之一，因为它是各国集中体现精神与物质文明的载体，因此，从事建筑装饰工程设计、施工等专业的技术人员就必须具备了解、掌握，并能合理选择、应用建筑装饰材料的基本业务素质。

1.1 材料的定义

建筑材料具体地说主要是指建筑物本身（如墙、柱、楼板等）所用的各种材料。扩展地说与建筑有关的、为建筑物服务的临时设施、附属设备等（如升降架、模具、管道、空调等）所使用的材料也可划归为广义的建筑材料范围。建筑装饰材料是指用于建筑物（如墙、柱、顶棚、地、台等）表面的饰面材料。

1.2 建筑装饰材料的分类

建筑材料是有其发展历史的，从古代建筑材料到近代建筑材料再到现代新型建筑材料，材料的种类从单一到多元，从天然材料到人工复合材料种类繁多，将材料进行分类选择，可以更加合理、高效地应用到设计中。

1.2.1 按化学成分不同分类

按化学成分的不同，建筑装饰材料可分为有机高分子装饰材料、无机非金属装饰材料、金属装饰材料和复合装饰材料四大类。有机高分子装饰材料，如以树脂为基料的涂料、木材、竹材、塑料墙纸、塑料地板革、化纤地毯、各种胶粘剂、塑料管材及塑料装饰配件等。无机非金属装饰材料，如各种玻璃、天然饰面饰材、石膏装饰制品、陶瓷制品、彩色水泥、装饰混凝土、矿棉及珍珠岩装饰制品等。金属装饰材料，又分为黑色金属装饰材料和有色金属装饰材料；黑色金属材料主要有不锈钢、彩色不锈钢等；有色金属装饰材料，主要有铝、铝合金、铜、铜合金、金、银、彩色镀锌钢板制品等。复合装饰材料，可以是有机材料与无机材料的复合，也可以是金属材料与非金属材料的复合，还可以是同类材料中不同材料的复合。如人造大理石，是树脂（有机高分子材料）与石屑（无机非金属材料）的复合；搪瓷铸铁是钢板（金属材料）与瓷釉（无机非金属材料）的复合；复合木地板是树脂（人造有机高分子材料）与木屑（天然有机高分子材料）的复合（表1-1）。

表 1-1 建筑装饰材料的化学成分分类

金属材料	黑色金属材料		普通钢材、不锈钢、彩色不锈钢
	有色金属材料		铝及铝合金、铜及铜合金、金、银
非金属材料	无机材料	天然饰面石材	天然大理石、天然花岗石
		陶瓷装饰制品	釉面砖、彩釉砖、陶瓷锦砖
		玻璃装饰制品	吸热玻璃、中空玻璃、锚射玻璃、压花玻璃、彩色玻璃、空心玻璃砖、玻璃锦砖、镀膜玻璃、镜面玻璃
		石膏装饰制品	装饰石膏板、纸面石膏、嵌装式装饰石膏板、装饰石膏吸声板、石膏艺术制品
		白水泥、彩色水泥	
		装饰混凝土	彩色混凝土路面砖、水泥混凝土花砖
		装饰砂浆	
		矿棉、珍珠岩装饰制品	
	有机材料	木材装饰制品	
		竹材、藤材装饰制品	
		装饰织物	
		塑料装饰制品	
		装饰涂料	

复合材料	有机与无机复合材料、金属与非金属复合材料	钙塑泡沫装饰吸声板、人造大理石、人造花岗石
		彩色涂层钢板
	有机材料	竹材、藤材装饰制品
		装饰织物
		塑料装饰制品
		装饰涂料

1.2.2 按装饰部位不同分类

根据装饰部位的不同,建筑装饰材料可分为外墙装饰材料、内墙装饰材料、地面装饰材料和顶棚装饰材料四大类。外墙装饰材料,如外墙涂料、釉面砖、锦砖、天然石材、装饰抹灰、装饰混凝土、玻璃幕墙等;内墙装饰材料,如墙纸、内墙涂料、釉面砖、天然石材、饰面板、织物等;地面装饰材料,如木地板、复合木地板、地毯、地砖、天然石材、塑料地板、水磨石等;顶棚装饰材料,如轻钢龙骨、铝合金吊顶材、纸面石膏板、矿棉吸声板、超细玻璃棉板、顶棚涂料等。

1.2.3 按材料主要作用不同分类

(1) 装饰材料。装修装饰材料虽然也具有一定的使用功能,但是它们的主要作用是对建筑物进行装修和装饰,如地毯、涂料、墙纸等材料。

(2) 功能性材料。在建筑装饰工程中使用这类材料,其主要目的是利用它们的某些突出的性能,达到某种设计功能,如各种防水材料、隔热和保温材料、建筑光学材料、吸声和隔声材料等。

1.3 建筑装饰材料的功能

1.3.1 装饰作用

在建筑的外檐一般用花岗岩、玻璃幕墙、涂料等材料进行饰面装饰,这就对于主体结构形成了一个包装。材料的包装会体现不同风格的装饰效果。例如花岗岩的装饰面体现一种庄重、沉稳、高雅的感觉;玻璃幕墙的饰面给人一种现代、时尚华丽的感觉;涂料的饰面比较普遍也比较经济,色彩变化丰富,体现一种朴实的感觉。

1.3.2 防护作用

建筑所处的外部环境都是比较复杂的,有一年四季的更替所产生的冷热的变化,有雨水、风沙的侵蚀等外部环境的破坏,建筑装饰材料对于建筑能够起到一定的防护作用。

(1) 防水：建筑的通风功能也常具有行之有效的保护功能，使建筑防风挡雨。包装过的外墙和透气性的缝隙也同时抵消雨水的喷洒和撞击以及因雨水的冲刷在立面表皮形成的水流，保证了隔热体的干爽，也保证了内墙面免于雨水的渗透。

(2) 热能效应：使用反射率高的立面材料，可以减少建筑的热量负担，反射效果可以达到最大化。

(3) 隔音：运用材料进行外墙面包装有利于反射外部噪音，构件之间的连接、缝隙以及绝缘结构都是降低噪音的重要因素。

1.4 绿色建筑材料

从绿色角度可分为节省能源与资源型材料、环保利用废型材料、特殊环境型材料（如超高强、抗腐蚀、耐久等）、安全舒适型材料（如轻质高强、防火、防水、保温、隔热、隔声、调温、调光、无毒害等）、保健功能型材料（如消毒、灭菌、防臭、防霉、抗静电、防辐射、吸附有害物质等）等。绿色建材也称生态建材（德）、生态环境材料（日）、可持续发展建材、环保建材、健康建材等，是于 1988 年第一届国际材料研究会首次提出，1992 年被国际学术界明确定义为：原料采用、产品制备、使用或再循环以及废料处理等环节中，对地球负荷最小，有利于人类健康的建筑材料。1999 年 3 月 15 日在首届全国绿色建材发展应用研讨会上，中国的专家根据本国国情将绿色建材定义为：采用清洁生产技术，少用天然资源与能源，大量利用工农业或城市固体废弃物生产的无毒害、无污染、无放射性，达到生命周期后可回收再利用，有利于环境保护和人体健康的建筑材料。

【拓展阅读】

[1] 钱正坤，周宁，周旻．世界建筑史话 [M]．北京：国际文化出版公司，2000．

[2] 罗哲文．中国古代建筑 [M]．上海：上海古籍出版社，2001．

第 2 章 装饰材料的基本性能

学习目标

了解常见建筑装饰材料的技术性能；掌握并能应用常见建筑装饰的装饰性能。

重难点

能够灵活应用常见建筑装饰的装饰性能。

训练要求

能够根据装饰风格选择和搭配室内建筑装饰材料。

正如同我们写文章需要熟悉所用的词汇一样，在建筑装饰设计中必须对所用材料的特性了如指掌。对于设计者而言，熟悉材料的特性及表现力，才能灵活地运用材料，以避免对材料认识的局限性束缚设计者的思维，限制了创作手法。建筑装饰材料的性能可分为技术性能和装饰性能，这两大性能分别决定了建筑最终的使用功能和装饰效果。

2.1 装饰材料的技术性能

对装饰材料的掌握，主要还得依赖产品说明书中所提供的各项性能指标。本节简要地对材料的技术性能加以论述，以便为讨论、比较、研究各种材料的性能打下基础。

2.1.1 表观密度

表观密度是材料在自然状态下，单位表观体积内的质量，俗称容重。

材料的质量，一般应采用气干重量。材料经烘干恒重后测得的表观密度，称为绝对表观密度。此外，当材料处于不同的含水状态时，存在数值不同的一系列表观密度值。

2.1.2 孔隙率

孔隙率是材料体积内孔隙所占体积与材料总体积（表观体积）之比。

孔隙率与材料的结构和性能有着非常密切的关系。孔隙率越大，则材料的密实度越小，而孔隙率的变化，也必然引起材料的其他性能（如强度、吸水导热系数等）的变化。

2.1.3 强度

强度是指材料在受到外力作用时抵抗破坏的能力。根据外力的作用方式，材料的强度有抗拉、抗压、抗剪、抗弯（抗折）等不同的形式。

2.1.4 硬度

硬度所描述的是材料表面的坚硬程度，即材料表面抵抗其他物体在外力作用下刻画、压入其表面的能力。通常是用刻痕法和压痕法来测定和表示的。

2.1.5 耐磨性

耐磨性是材料表面抵抗磨损的能力。材料的耐磨性能，除与受磨时的质量损失有关外，还与材料的强度、硬度等性能有关。此外，与材料的组成和结构亦有密切的关系。表示材料耐磨性能的另一参数是磨光系数，它反映的是材料的防滑性能。

2.1.6 吸水率

吸水率所反映的是材料能在水中或能在直接与液态的水接触时吸水的性质。

2.1.7 孔隙水饱和系数

材料内部孔隙被水充满的程度，即材料的孔隙水饱和系数，是用以反映和判断材料其他性能的一个极为有用的参数。例如，从孔隙水饱和系数相对较大，可以推知材料的抗冻性相对较差等。

2.1.8 含水率

含水率是具体反映材料吸湿性大小的一项指标。通常，将材料在潮湿的空气中吸收空气中水分的性质定义为材料的吸湿性。由于此时材料中所吸入的水分的数量是随着空气湿度的大小而变化的，因此，含水率的数值也应是随空气湿度的变化而变化的。在通常情况下所说的含水率是指当材料中所含水分与空气湿度相平衡时的含水率，即平衡含水率值。

2.1.9 软化系数

材料耐水性能的好坏，通常用软化系数来表示。

2.1.10 导热系数

当材料的两个表面存在温度差时，热量从材料的一面通过材料传至另一面的性质，通常用导热系数 (λ) 来表示。

从实际选用材料的角度来说，更具意义的是掌握材料导热系数的变化规律。这方面的规律主要有：①当材料发生相变时，材料的导热系数也要相应地产生变化；②材料内部结构的均质化程度越高，则导热系数越大；③材料的表观密度越大，其导热系数也越大，但是对于表观密度值很小的纤维状材料，有时存在例外的情况；④一般来说，材料的孔隙率越大，则导热系数越小；⑤若材料表面具有开放性的孔结构，且孔径较大，孔隙之间相互联通，则导热系数也越大；⑥一般来说，如果湿度变大，温度升高，那么材料的导热系数也将随之变大；⑦对于各向异性的材料，导热系数还与热流的方向有关。

2.1.11 辐射指数

辐射指数所反映的是材料的放射性强度。有些建筑材料在使用的过程中会释放出多种放射线，这是由于这些材料所有原料中的放射性核素含量较高，或是由于生产过程中的某些因素使得这些材料的放射性活度被提高。当这些放射线的强度和辐射剂量超过一定限度时，就会对人体造成损害。特别值得一提的是，由建筑材料这类放射性强度较低的辐射源所产生的损害属于低水平辐射损害（如引发或导致产生遗传性疾病），且这种低水平辐射损害的发生率是随剂量的增加而增加的。因此，在选用材料时要注意其放射性，尽可能将这种损害减至最低限度，这是非常具有实际意义的。

2.1.12 耐火性

耐火性是指材料抵抗高热或火的作用，保持其原有性质的能力。金属材料、玻璃等虽属于不燃性材料，但在高温或火的作用下在短时间内就会变形、熔融，因而不属于耐火材料。建筑材料或构件的耐火极限通常用时间来表示，即按规定方法，从材料受到火的作用时间起，一直到材料失去支持能力、完整性被破坏或失去隔火作用的时间，以 h 或 min 计。如无保护层的钢柱，其耐火极限仅有 0.25h。

2.1.13 耐久性

耐久性是材料长期抵抗各种内外破坏因素或腐蚀介质的作用，保持其原有性质的能力。材料的耐久性是材料的一个综合性质，一般包括有耐水性、抗渗性、抗冻性、耐腐蚀性、抗老化性、耐热性、耐溶蚀性、耐磨性或耐擦性、耐光性、耐沾污性、易洁性等许多项。对装饰材料主要要求颜色、光泽、外形等不发生显著的变化。

影响耐久性的主要因素有如下几点：

(1) 内部因素是造成装饰材料耐久性下降的根本原因。内部因素主要包括材料的组成结构与性质。

(2) 外部因素也是影响耐久性的主要因素。外部因素主要有如下几种：

①化学作用包括各种酸、碱、盐及其水溶液，各种腐蚀性气体，对材料具有化学腐蚀作用或氧化作用。

②物理作用包括光、热、电、温度差、湿度差、干湿循环、冻融循环、溶解等，可使材料的结构发生变化，如内部产生微裂纹或孔隙率增加。

③机械作用包括冲击、疲劳荷载，各种气体、液体及固体引起的磨损与磨耗等。

④生物作用包括菌类、昆虫等，可使材料产生腐朽、虫蛀等形式的破坏。

2.2 装饰材料的装饰性能

在室内环境中，人长时间的停留，更易于与各类材料产生近距离的接触，因此，室内装饰材料更注重材料的质感、触感、色彩、肌理，由于材质是人的视觉、知觉、触觉的直接界面材料的特征表现，室内空间界面材料的选择，既要注重材料的属性、质感，还要考虑到空间形态构造限定，考虑到人的主观需求和审美情趣。这样才能取得理想的设计效果。因此，在室内材料的应用设计中，设计师应综合考虑材质的实用、装饰、环保等。同时，对材料的熟知和合理运用也是设计师必备的基本素养。

2.2.1 材料的颜色、光泽、透明性

颜色是材料对光谱选择吸收的结果，是一种染料、颜料、涂料或其他物质，据其主导光波长、亮度、色调和光泽，经眼睛传给受体的综合信息。创造性地运用颜色，不同的颜色给人不同的感觉，如红色、橘红色给人一种温暖、热烈的感觉，绿色、蓝色给人一种宁静、清凉、寂静的感觉。

光波是材料表面方向性反射光线的性质。材料表面愈光滑，则光泽度愈高。当为定向反射时，材料表面具有镜面特征，又称镜面反射。不同的光泽度可改变材料表面的明暗程度，并可扩大视野或造成不同的虚实对比（图2-1）。

透明性是光线透过材料的性质，分为透明体（可透光、透视）、可透明体（透光，但不透视）、不透明体（不透光、不透视）。利用不同的透明度做隔断或调整光线的明暗，造成特殊的光学效果，也可使

图2-1 反光材料墙面

物像清晰或朦胧。透明是一种材料的性质，传播光线的能力，使得物体或景象看起来好像没有隔着材料，或者说，材质开放性是那样好，以至于一侧很容易看到另一侧的物体。半透明也是一种材料的性质，它传播光线，形成漫射足以消除人们对另一边清楚景象的任何直觉。

2.2.2 花纹图案、形状、尺寸

在生产或加工材料时，利用不同的工艺将材料的表面，做成各种不同的表面组织，如粗糙、平整、光滑、反射、凹凸、麻点等；将材料的表面制作成各种花纹图案（或拼镶成各种图案），如山水风景画、人物画、仿木花纹、陶瓷笔画、拼镶陶瓷锦砖等。

建筑装饰材料的形状和尺寸对装饰效果有很大的影响。改变装饰材料的形状和尺寸，

图2-2 不同装饰材料墙面

并配合花纹、颜色、光泽等可拼镶出各种线型和图案，从而获得不同的装饰效果，以满足不同建筑形态和线型的需要，最大限度地发挥材料的装饰性（图2-2）。

2.2.3 质感、映像

质感是材料的表面组织结构、花纹图案、颜色、光泽、透明性等给人的一种综合感觉，如钢材、陶瓷、木材、玻璃、呢绒等材料在人的感官中的软硬、轻重、粗犷、细腻、冷暖等感觉。组成相同的材料可以有不同的

质感，如普通玻璃与刻花玻璃、镜面花岗岩板材与剁斧石。相同的表面处理形式往往具有相同或相似的质感，但有时并不完全相同，如人造花岗岩、仿木纹制品，一般均没有天然的花岗岩和木材亲切、真实，而略显得单调、呆板。

建筑材料的质地，可用来形成多样的设计效果，从大理石的冷感到木材的暖意，从混凝土的粗糙到玻璃的平滑。材料还能表现出富丽或质朴的不同感觉。也可以通过运用自然材料混合物的手法来实现。可以把石料和砖以对比的手法来运用，常用条带式对比。许多现代材料可以结合使用，以产生有趣的样式和质感。

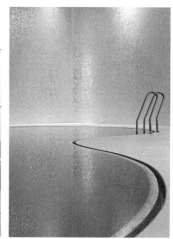

图 2-3　反射装饰材料墙面

玻璃可以部分反射出室外景象。可为全镜面反射，也可通过透明的玻璃带入室内。混凝土运用得自然，会造成某种坚幽耐久的效果。石料可以用其平滑、粗糙或经过抛光的质感。而木材则能使得建筑物与自然环境有机地联系起来。

视觉上的质感，依赖于光影效果。随着观察者接近，对表面特征认识逐渐深刻。从远处看，图案可能像纹理，图案与纹理两者间相互影响。所以，质感不仅依靠材料表面本身，而且还与材料的接缝做法有关。映像是落在表面上的光经反射，反射光线在物体表面上的作用。反射造成的虚像而有意地用来完成任何形式或图像的视觉表现意图。选择建筑材料面发挥其反射性能，或取其低反射性，而重视材料本身。提高反射性能，会使建筑本身相对不明显，却反射出其邻近环境（图 2-3）。

2.2.4 耐沾污性、易洁性与耐擦性

材料表面抵抗污物作用并保持其原有颜色和光泽的性质称为材料的耐沾污性。

材料表面易于清洗洁净的性质称为材料的易洁性，它包括在风、雨等作用下的易洁性（又称自洁性）及在人工清洗作用下的易洁性。良好的耐污性和易洁性是建筑装饰材料经久常新，长期保持其装饰效果的重要保证。用于地面、台面、外墙以及卫生间、厨房等的装饰材料，有时须考虑材料的耐沾污性和易洁性。

材料的耐擦性实质是材料的耐磨性，分为干擦（称为耐干擦性）和湿擦（称为耐洗刷性）。耐擦性越高，则材料的使用寿命越长。内墙涂料常要求具有较高的耐擦性。

2.3 装饰材料的选用原则

选用建筑装饰材料的原则是装饰效果要好并耐久、经济。丹麦设计大师卡雷·克林特明确提出，只有"用正确的方法去处理正确的材料，才能以率真和美的方式去解决人类的需要"。

选择建筑装饰材料时，首先应从建筑物的使用要求出发，结合建筑物的造型、功能、用途、所处的环境（包括周围的建筑物）、材料的使用部位等，并充分考虑建筑装饰材料的装饰性质及材料的其他性质，最大限度地表现出所选各种建筑装饰材料的装饰效果，使建筑物获得良好的装饰效果和使用功能。其次所选建筑装

饰材料应具有与所处环境和使用部位相适应的耐久性，以保证建筑装饰工程的耐久性。最后应考虑建筑装饰材料与装饰工程的经济性，不但要考虑到一次投资，也应考虑到维修费用，因而在关键性部位上应适当加大投资，延长使用寿命，以保证总体上的经济性。

【课后练习】

1. 装饰材料的选用原则是什么？
2. 装饰材料的装饰性质有哪些？
3. 材料的颜色、光泽、透明性的区别是什么？
4. 材料的技术特性分哪几类？

【拓展阅读】

[1] 布鲁诺·赛维. 现代建筑语言 [M]. 席云平，王虹，译. 北京：中国建筑工业出版社，2005.

[2] 渊上正幸. 世界建筑师的思想和作品 [M]. 覃力，黄顺，译. 北京：中国建筑工业出版社，2000.

[3] 邱晓葵. 建筑装饰材料 [M]. 北京：中国建筑工业出版社，2009.

[4] 董铁鑫. 材料在建筑表皮设计中的表达 [D]. 呼和浩特：内蒙古工业大学，2009.

第 3 章　常用建筑装饰木材及施工工艺

学习目标

掌握常见建筑装饰木质人造板材的分类特点及其施工工艺。

重难点

各种装饰木质人造板材的装饰应用特点；木质装饰墙面施工工艺等。

训练要求

了解木材在建筑及室内设计中的实际应用。

3.1 常用装饰木材

3.1.1 木材概述

　　木材曾被著名的现代建筑大师赖特称为是最有人情味的建筑材料。在远古时期，人类就把木材用作房屋设计的主要材料。绝大多数原始住房用树枝做屋顶，并在其上覆盖黏土或草叶。另一些原始形式的树木住房则为原木棚屋，这些棚屋后来发展成为所谓的"长屋子"。这是因为其外形加长了，这些屋子似乎最适于集体居住（图 3-1）。

　　在中国，传统建筑文化一直是以木构建筑为核心体系的。建于明清时期的故宫木构建筑群，辽代的山西应县的木塔，堪称木结构的杰作，在建筑史上创造了奇观。在欧洲和北美各国，

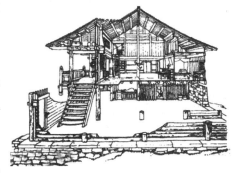

图 3-1 干阑式建筑

几百年来木结构也一直是主要使用的结构体系之一，由于木材易于获得、施工周期短及能抵御不同的自然条件，木结构施工被广泛应用。岁月流逝，木质建筑历经千百年而不朽，依然显现出当年的雄姿（图 3-2、图 3-3）。时至今日，木材在建筑结构、装饰上的应用仍不失其高贵、显赫的地位，并以它特有的性能在室内装饰里大放异彩，创造了千姿百态的装饰新领域。

　　随着工业革命的爆发，以及伴随而来的现代主义建筑对传统木结构文化产生了冲击。但从 20 世纪 80 年代开始，随着生态与人文关怀思想逐渐受到重视，人们开始更多地关注建筑的生态与可持续发展。木材

图 3-2 12 世纪末挪威波尔滚木教堂

图 3-3 山西应县释迦牟尼木塔

作为加工制造能耗低、可再生、易分解的天然建筑材料，又再次受到人们的重视。同时，高科技的参与，使木材在建筑装饰中又添异彩。

目前，由于优质木材受限，为了使木材自然纹理之美表现得淋漓尽致，人们将优质、名贵木材旋切薄片，与普通材质复合，变劣为优，满足了消费者对天然木材喜爱心理的需求。木材作为既古老又永恒的建筑材料，以其独具的装饰特性和效果，加之人工创意，在现代建筑的新潮中，为我们创造了一个个自然美的生活空间（图 3-4）。

1．木材的特点

作为建筑材料，木材具备以下突出特点：

（1）它材质轻、强度高，有较佳的弹性和韧性，耐冲击和振动，易于加工和表面涂饰。

（2）孔隙率大，具备良好的保温隔热性，对电、热和声音有高度的绝缘性，同时，又能起到防潮、吸收噪声的作用。

（3）美丽的自然纹理、柔和温暖的视觉和触觉是其他材料所无法替代的，赋予了木材独特的装饰性。

图 3-4 动物园眺望台

2．木材的分类

（1）木材按照树种的分类

可分为针叶树材（软木）和阔叶树材（硬木）两大类。

针叶树树干通直而高大，易得大材，纹理平顺，材质均匀，木质较软而易于加工，故又称软木材。表观密度和胀缩变形较小，耐腐蚀性强，在室内工程中主要用于隐蔽部分的承重构造和门窗等用材，常见树种有松、柏、杉。

阔叶树树干通直部分一般较短，材质硬重、强度较大、纹理自然美观，是室内装修工程及家具制造的主要饰面用材，常见树种有榆木、水曲柳、柞木、椴木、柚木等（图 3-5）。

木材属于天然建筑材料，其树种及生长条件的不同，构造特征有显著差别，从而决定着木材的使用性和装饰性。

（2）木材按供应形式的分类

原条：是指树木去除根、树皮但未按标定的规格尺寸加工的原始材，一般用于脚手架。

原木：在原条的基础上，按一定的直径和规格尺寸加

图 3-5 水曲柳

工而成的木材，直接做房梁、柱、椽子、檩子等。

锯材：可将其锯成板材和木方。

（3）木材按骨架形式的分类

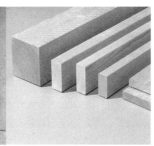

图3-6 原条　　　　　图3-7 原木　　　　　图3-8 锯材

木骨架材料是木材通过加工而成的截面为方形或长方形条状的室内装饰工程的骨架材料，用于天花、隔墙、棚架、造型、家具的骨架，起固定、支持和承重的作用。木龙骨材料是用原木开料，加工成所需的规格的木条，用普通锯材（厚板）再加工成所需规格的木方。市场上已开成规格的木方，可分为硬质木料骨架和轻质木料骨架两类。

①内木骨架

木天花、隔墙的内骨架所用木材，多选材质较松、材质和纹理不甚显著、含水率小、不易裂、不易变形的树种，主要为红松材、白松材、落叶松材、马尾松材、杉木、椴木等（图3-9）。

②外木骨架

装饰工程中有些外露式栅架、支架、高级门窗及家具的骨架，要求木质较硬，纹理清晰美观。用料时选用的木材、树种为水曲柳、柞木、桦木、榉木、柚木、核桃木、红木等（图3-10、图3-11）。

图3-9 松木木方

3.1.2 木材装饰制品

木材装饰的最大特点表现为可以营造出一种特殊的环境气氛。按木材在室内装饰部位，分为地面装饰、内墙装饰和天棚装饰。目前，广泛应用的木装饰制品种类繁多，下面分类进行介绍。

1. 木地板

木地板分实木条板面层地板、实木拼花面层地板、实木复合地板、强化复合地板四种，近年来强化复合地板使用较普遍。

图3-10 水曲柳栅栏　　　　　图3-11 胡桃木户外家具

2. 实木条木地板

实木地板属于高级装饰，由于选用树种和施工工艺不同，其产生的装饰效果也不同，每平方米的木地板造价为100～1000元。实木条木地板具有木质感强、弹性好、脚感舒适、美观大方、减弱音响和吸收噪声的特性；适当的弹性可缓和脚部的重量负荷，使人不易疲劳；自然调节室内湿度与室内

图 3-12 实木地板

温度功能；不起灰尘，给人一种舒适的感受（图 3-12）。实木地板可分为如下种类：

高档的有柚木、枫木、金丝木、山毛榉、花梨木、银橡木、樱桃木等。

中档的有水曲柳、柞木、椴木等。

普通的有松木、杉木等。

实木地板形状和厚度，条板的宽度一般不大于 120mm，板厚在 20~30mm 之间。按照条木地板铺设要求，条木地板拼缝处可做成平头、企口或错口。

实木条木地板适用于体育馆、练功房、舞台、高级住宅的地面装饰。尤其经过表面涂饰处理，既显露木材纹理又保留木材本色，给人以清雅华贵之感。

3．实木拼花木板

实木拼花木地板是用阔叶树种，包括水曲柳、柞木、核桃木、榆木、柚木等不易腐朽开裂的硬木材，经干燥处理并加工成条状小板条，用于室内地面装饰的一种较高级的拼装地面材料。

铺设时，通过条板不同方向的组合，可拼装出多种美观大方的图案花纹，在确定和选择图案时，可依据用户的喜好和室内面积的大小综合考虑。常用的几种固定图案：清水砖墙纹、席纹、人字纹和斜席纹等。

图 3-13 实木拼花地板

实木拼花木地板坚硬而富有弹性，耐磨而又耐朽，不易变形且光泽好，纹理美观质感佳，具有温暖清雅的装饰效果。

实木拼花木地板适用于高级楼宇、宾馆、别墅、会议室、展览室、体育馆等地面的装饰，也可根据加工条板所用的材质好坏，将该地板分为高、中、低三个档次。高档产品适用于三星级以上中高级宾馆、大型会堂等地面装饰；中档产品适用于办公室、疗养院、托儿所、体育馆等地面装饰；低档产品适用于各类民用住宅的地面装饰（图 3-13）。

4．实木复合地板

实木复合地板采用两种以上的材料制成，既有实木地板的优点，又降低了成本。表层采用 5mm 厚实木，如榉木、柚木、桦木、水曲柳、柞木等构成。中层由多层胶合板或中密度板构成。底层为防潮平衡层经特制胶高温及高压处理而成。结构形式和拼花较多，具有不同的装饰效果（图 3-14）。

5．强化复合地板

由三层材料组成，面层由一层三聚氰胺和合成树脂组成。具有防潮、耐火、耐磨等功能，耐磨起点一般为 6000~8000 转（图 3-15）。中间层为高密度纤维板，防潮湿，能确保地板外观的平整性和尺寸稳定性。底层为涂漆层或纸板，有防潮、平衡抗拉力之功效。实木地板容易翘曲和开裂，缝隙易藏污纳垢，近年来，强化复合地板的出现为上述所有问题提供了解决的办法，并逐渐代替了实木地板，其规格为：120cm x 19.5cm x 0.8cm。

图 3-14 实木复合地板

6. 计算机房活动地板

计算机房的活动地板主要是为了满足计算机房的特殊功能要求，如抗静电、便于通风、便于走线等，同时也具有装饰功能。抗静电复合活动地板可用于计算机房、通信机房及其他电子设备机房 (图 3-16)。

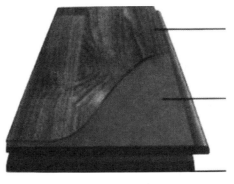

面层由一层三聚氰胺和合成树脂组成，具防潮、耐火、耐磨等功能，耐磨起点一般 6000 ~ 8000 转

中间层为高密度纤维板，防潮湿，能确保地板外观平整性和尺寸稳定性

底层为涂漆层或纸板，有防潮、平衡抗拉力功效

图 3-15 强化复合地板结构图

7. 幻彩镶嵌木花边

幻彩镶嵌木花边是在珍贵的木材薄片上切割出不同装饰的图案，并把它们设计组合而成，形成新的饰面木材。不同的色泽，镶嵌后产生不同的色调对比，创造产品的附加价值。

幻彩镶嵌木花边适合与原木、木皮、耐火板搭配使用。适用于住家、饭店、办公室、商业空间、休闲场所的门板、高级家具、橱柜、桌面和壁面等，可单独使用或并排使用（图 3-17）。

8. 胶合板

胶合板是把多层薄木片 (厚为 1mm) 胶合而成的，薄木片是旋刨树干切削而成的，胶合板中相邻木片的纹理互相垂直，以一定奇数层数的薄片涂胶后在常温下加压胶合。三层的叫三夹板，也可以做成五、七、九、十一层等。胶合板的特点是面积大，可弯曲，两个方向的强度收缩接近，变形小，不易翘曲，纹理美观 (图 3-18)。

图 3-16 计算机房活动地板　　　　　图 3-17 幻彩镶嵌木花边　　　　　图 3-18 胶合板

9. 纤维板

纤维板是将树皮、刨花、树枝干、果核皮等废材，经破碎浸泡、研磨成木浆，使其植物纤维重新交织，再经湿压成型、干燥处理而成的。因成型时温度与压力不同，纤维板分硬质、中硬质和软质三种（图 3-19）。

10. 刨花板

刨花板是将木材加工剩余物小径木、木屑等切削成碎片，经过干燥，拌以胶料、硬化剂，在一定的温度下压

图 3-19 纤维板

制成的一种人造板。按表面不同分为未饰面刨花板（如砂光刨花板、未砂光刨花板）和饰面刨花板（如浸渍纸饰面刨花板、装饰层压板饰面刨花板、PVC 饰面刨花板、单板饰面刨花板）；装饰工程中使用的 A 类刨花板的幅面尺寸为 1830mm×915mm，2000mm×1000mm，2440mm×1220mm，

1220mm×1220mm;厚度为 4、8、10、12、14、16、19、22、25、30mm 等。A 类刨花板按外观质量和物理力学性能等分为优等品、一等品、二等品。刨花板属于中低档次装饰材料,且强度较低,一般主要用作绝热、吸声材料,用于吊顶、隔墙、家具等(图 3-20)。

图 3-20 刨花板

11. 细木工板

细木工板又称芯板,是由上下两层夹板加上中间的小块木条压挤连接成的芯材。因芯材中间有空隙可耐热胀冷缩。特点是具有较大的硬度和强度、轻质、耐久、易加工。它适用于制作家具饰面板,亦是装修木作工艺的主要用材。细木工板规格有:16mm×915mm×1830mm,19mm×1220mm×2440mm(图 3-21)。

12. 欧松板

欧松板是一种新型环保建筑装饰材料,采用欧洲松木,在德国当地加工制造。它是以小径材、间伐材、木芯为原料,通过专用设备加工成 40~100mm 长、5~20mm 宽、0.3~0.7mm 厚,经脱油、干燥、施胶、定向铺装、热压成型等工艺制成的一种定向结

图 3-21 细木工板

构板材。其表层刨片呈纵向排列,芯层刨片呈横向排列,这种纵横交错的排列,重组了木质纹理结构,彻底消除了木材内应力对加工的影响,使之具有非凡的易加工性和防潮性。由于欧松板内部为定向结构,无接头、无缝隙、无裂痕,整体均匀性好,内部结合强度极高,所以无论中央还是边缘都具有普通板材无法比拟的超强握钉能力。欧松板采用了世界领先水平的胶粘剂,成品的甲醛释放符合欧洲最高标准(欧洲 E1 标准),是目前市场上最高等级的装饰板材,也是真正的绿色环保建材,完全满足现在及将来人们对环保和健康生活的要求,从国内外的发展来看,使用欧松板装修是一种潮流(图 3-22)。

13. 防腐浸渍木

原木为来自芬兰的北欧赤松,生长于严寒地带,结构紧密,类似硬木,芯材部分具有天然防腐性。因此,防腐木的载药量较于其他速生木低,所以化学成分含最低,适合民用。

防腐浸渍木同时可以抵抗真菌腐蚀,可以抵抗虫蛀和蚁侵袭,理论寿命在 20 年以上,

图 3-22 欧松板

主要用于地面装修,如栅栏板、地面板以及花架和建筑木材等(图 3-23)

14．炭化木

原材料来自芬兰的北欧赤松。加工过程中不添加任何化学药剂。炭化过程消耗的能量极少，不含任何有害物质。防霉、防腐，在潮湿环境中使用，依然保持外形稳定。木材强度有所降低，尽量避免当结构木材使用。不推荐使用在直接接触土壤的场所。

应用范围为外部装饰面板、内部装饰面板、铺面板材（图3-24）。

图3-23 防腐浸渍木

15．饰面防火板

防火板是将多层纸材浸渍于碳酸树脂溶液中经烘干，再以275°F（华氏）温度加以1200Psi的压力压制而成的。表面的保护膜处理使其具有防火防热功效。具有防尘、耐磨、耐酸碱、耐冲掩、防水、易保养的特点，有各种花色及质感。一般规格有 2440mm x 1270mm， 2150mm x 950mm，635mm x 520mm 等，厚度为1~3mm，亦有薄形卷材。

16．微薄木贴皮

微薄木贴皮系以精密设备将珍贵树种，经水煮软化后，旋切成0.1~1mm的微薄木片，其纹理细腻、真实，色泽美观大方，

图3-24 炭化木

是板材表面精美装饰用材之一。再用高强胶黏剂与坚韧的薄纸胶合而成，多做成卷材，具有木纹逼真、质感强、使用方便等特点。若用先进的胶黏工艺和胶黏剂，将此粘贴在胶合板基材上，可制成微薄木贴面板（图3-25）。

微薄木贴皮用于高级建筑室内墙面的装饰，也常用于门、家具等的装饰。由于内墙面距与人的视觉较近，选用微薄木贴面板作饰面层时，应特别注意灯光照明对面层效果的表现，其目的是使天然花纹和立体感得到充分体现，以求得最佳质感并能更好地相互辉映。

17．镁铝曲板

镁铝曲板是在复合纸基上贴合电化铝箔，再将铝箔和纸基一并开槽，使之能卷曲。镁铝曲板能够沿纵向卷曲，还可用墙纸刀分条切割，安装施工方便，可粘贴在弧面上（图3-26）。

该板平直光亮，有金属光泽，并有立体感，并可锯、钉、钻，但表面易被硬物划伤，施工时应注意保护。

它可用于室内装饰的墙面、柱面、造型面，以及各种商场、饭店的门面装饰。因该板可以分条开切使用，故可当装饰条和压边条用。

镁铝曲板的品种规格： 条宽有 25mm，15~20mm 和 10~15mm 三种；板幅面有 1220mm x 2440mm。颜色有古铜、青铜、青铝、银白、金色、绿色、乳白等。

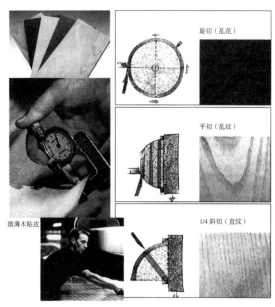

微薄木贴皮

旋切（乱花）

平切（乱纹）

1/4 斜切（直纹）

图3-25 微薄木贴皮

图 3-26 镁铝曲板

图 3-27 涂饰人造板

图 3-28 塑料薄膜贴面装饰板

18. 涂饰人造板

在人造板表面用涂料涂饰制成的装饰板材，常用的基材为胶合板、刨花板、纤维板等，通常采用喷涂、淋涂、辊涂等方式涂布涂料。主要产品有直接印刷人造板、透明涂饰人造板和不透明涂饰人造板。涂饰人造板的生产工艺简单，板面美观、平滑、触感好、立体感较强，但质量及装饰效果较浸渍胶膜纸饰面人造板差。它主要用于中低档家具及墙面、墙裙、顶棚等的装饰（图 3-27）。

19. 塑料薄膜贴面装饰板

将热塑性树脂制成的薄膜贴在人造板表面制成的装饰板材。塑料薄膜经印刷图案、花纹并经模压处理后，有很好的装饰效果，但耐热性较差、表面硬度较低。塑料薄膜贴面装饰板属于中低档装饰材料，主要用于墙壁、吊顶等的装饰及家具等（图 3-28）。

20. 三聚氰胺饰面板

三聚氰胺饰面板是以优质刨花板和中密度纤维板为基材，分进口与国产两种，采用低压短周期工艺，双面覆贴三聚氰胺浸渍纸而制成的人造板。花色多达百种，具有耐蒸汽、耐沸水、耐腐蚀、经清洗等特点。三聚氰胺饰面板广泛用于制作家具、橱柜、地板、教学设备等产品，也常用于建筑、车辆船舶、室内装修等（图 3-29）。

21. 木丝吸音板

木丝吸音板是由长纤维状木丝和特殊的防腐、防潮黏结物混合压模而成的。具有时尚的外观，耐冲击、吸声和隔音效果好。可用作建筑物高档装修墙面及吊顶。木丝板采用完全不同于传统密度板的成型工艺，完全杜绝了对人体产生危害的甲醛。其特点如下：

（1）质轻、安全。木丝板密度仅为传统木质吸音板的二分之一，最大限度地减少了装饰吊顶和墙体的载重，使用更安全、更省工。

（2）超强抗冲击。木丝板采用专利技术强化处理，具备极佳的耐久性、稳定性和抗机械损伤的特性。

（3）保温、隔热、防潮。木丝板除了秉承木质吸音板优异的吸声功能外，更兼具屋顶的保温隔热、地板的保温防潮功能。

图 3-29 三聚氰胺饰面板

（4）防火。B1 级防火标准。

（5）返璞美感。木丝板表面结构返璞归真，迎合欧洲回归自然的设计潮流，无须表面装饰，也可以任意涂抹色彩，具有丰富的美感。

该产品应用于对音质环境要求比较高的场所，展现高品位的公众形象，增添温暖和谐的商务及办公氛围；适用的建筑领域有大剧院、音乐厅、体育馆、银行、证券所、机场、星级宾馆、高级写字楼、会议厅、洽谈室、接待厅和各类文化娱乐场所。外形尺寸为 600mm x 600mm、600mm x 1200mm、1200mm x 2400mm，厚度为 20~25mm（图 3-30）。

22. 集成板

集成板是利用短小材料通过指榫接长，拼宽合成的大幅面厚板材。它一般采用优质木材（目前较多的是用杉木，所以俗称杉木板）作为基材，经过高温脱脂干燥、指接、拼板、砂光等工艺制作而成。它克服了有些板材使用大量胶水粘接的工艺特性。

目前，此产品广泛流行于西方发达国家和我国大中城市的

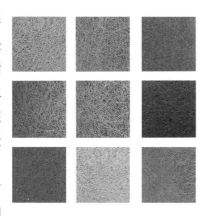

图 3-30 木丝吸音板

中高档装修，同时也是室内装修最环保的装饰板材之一。它具有环保、美观、稳定和经济实用的特点。外形尺寸为 200mm x 2400mm，厚度为 20~25mm（图 3-31）。

23．木装饰线条

木装饰线条类材料是装饰工程中各平面相接处、相交面、分界面、层次面、对接面的衔接口、交接条等的收边封口材料。线条材料对装饰质量、装饰效果有着举足轻重的影响。同时，线条材料在室内装饰艺术上起着平面构成和线形构成的重要角色，在装饰结构上起着固定、连接、加强装饰表面的作用。

图 3-31 集成板

木线条主要用作建筑物室内墙面的墙腰饰线、墙面洞口装饰线、护壁板和勒脚的压条装饰线以及高级建筑门窗的镶边。采用木线条装饰，可增添室内古朴、高雅、亲切的美感。

24．软木制品

软木（即栓皮）是以栓皮栎树种的树皮为原料加工而成的。我国的栓皮树种主要是栓皮栎和黄菠萝。它的主要特性是导热系数小、弹性好，在一定压力下可长期保持回弹性能、摩擦性好、吸声性强、

图 3-32 软木

耐老化。广泛应用在室内装饰领域，成为一种新型的装饰材料（图 3-32）。

软木地板是软木片、软木板与木板复合制成的，可获得脚感舒适的感觉。软木壁纸分有纸基和无纸基两种，与 PVC 壁纸相比，采用软木纸做面层，其柔软性、弹性均优于 PVC 壁纸。此外，还有留言板、软木天花板，具有较好的吸声性。

3.2 常用装饰木材的施工工艺

木质饰面板以其较好的亲和力，被广泛应用于内墙的各类装饰装修工程中。

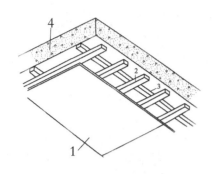

1. 石膏板 2. 木龙骨 3. 木龙骨 4. 原楼板
图 3-33 直接式搁栅吊顶

3.2.1 木质天花吊顶

木质天花吊顶主要分为直接式搁栅吊顶和悬吊式吊顶。

直接式搁栅吊顶是在楼板下或屋面内表面处理平整后，将经过防腐和防火处理过的木搁栅直接固定上去，然后在其表面铺钉胶合板、石膏板、PVC 板后，做喷刷涂料或裱糊壁纸等饰面处理。木搁栅一般采用断面 30mm×40mm 的方木，间距 500~600mm 双向布置（图3-33）。

另一种是悬吊式吊顶，将经过防腐和防火处理过的木搁栅与原顶保持一定距离，用木龙骨或螺栓吊筋将木搁栅与楼板固定，其表面处理与直接式搁栅吊顶的做法一致，这种吊顶也可以满足有多层叠级造型的设计要求。木龙骨吊顶的主龙骨截面为 50~70mm 方木，次龙骨截面采用 40mm×40mm 方木。木搁栅中距 900~1200mm，用 30~40mm 木吊筋与楼板固定，也可用 φ6 螺栓吊筋或 φ8 螺栓吊筋与楼板固定（图 3-34）。

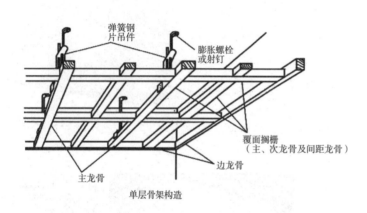

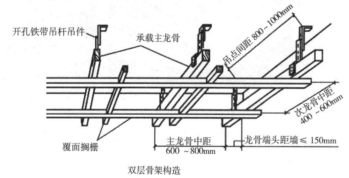

图 3-34 悬吊式吊顶

3.2.2 木质饰面墙面

木质墙面造型结构与木质天花吊顶的结构基本相似，其施工工艺也在做了防潮处理的基层上固定双向木龙骨，然后在木龙骨的表面铺钉饰面板，最后做面层修饰处理（图 3-35）。

其具体构造如下：

（1）在墙体中预埋木砖或预埋铁件；

（2）刷热沥青或粘贴油毡防潮层；

（3）固定木骨架或金属骨架；

（4）在骨架上钉面板（或钉垫层板再做饰面板）；

（5）粘贴各种饰面板；

（6）油漆罩面。

木质饰面板的材料主要有各种面层材料的饰面胶合板，如：榉木板、柚木板、红胡桃板、黑胡桃板、枫木板等。此外还有辅助用板材，如：细木工板、指接板、密度板、刨花板、木线条等。常用饰面板规格有 1220mm×2440mm，1220mm×2135mm 等，厚度不等。木质饰面板装修有全高（直到顶棚）、局部（半高墙裙09~1.2m）两种形式。

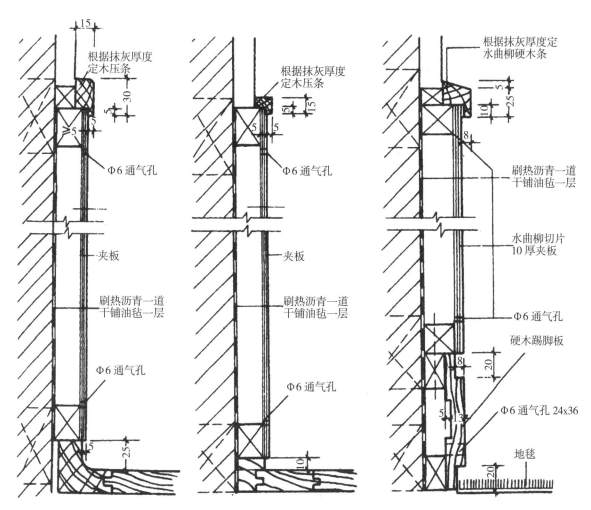

图 3-35　木质饰面墙面

3.2.3 木地板地面

木地面表面纹理自然，脚感舒适，深受大众喜爱。木地面具有良好的弹性，热导率低，冬暖夏凉，广泛应用于家庭、高档会所、酒店客房和舞台等。但木地板易受潮，保养不当易开裂、变形和翘曲。

木地板基本构造一般由基层、木龙骨结构和面层组成，构造方法分空铺和实铺两种。传统的空铺法多用于首层，楼面层多以实铺法为主。

空铺法是一种传统的铺地方法，这个木地面由地垄墙、垫木、木龙骨、木地板等部分组成。在做了防潮处理的地垄墙上搁置木龙骨，在木龙骨上加铺毛地板，然后在毛板上铺设木地板，最后用踢脚线遮盖伸缩缝（图 3-36）。

其具体构造如下：

（1）100 厚灰土（炉渣混凝土等）垫层；

（2）砌地垄墙或砖墩；

（3）设置垫木或混凝土圈梁；

（4）铺设木搁栅，搁栅之间设置剪刀撑；背涂防腐和防火剂；

（5）铺设企口条板或铺设毛板后再铺设实木地板。

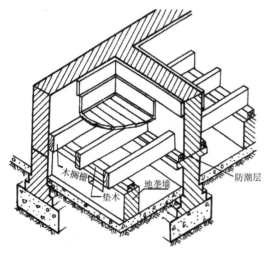

图 3-36 木地板空铺法

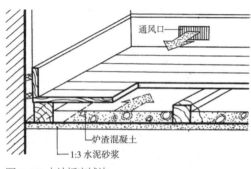

图 3-37 木地板实铺法

实铺法与空铺法类似，只是由于不需要过多考虑防潮，没有地垄墙和垫木。将实木板直接固定于楼板的木龙骨上面（图 3-37）。

其具体构造如下：

（1）20 厚水泥砂浆找平；

（2）基层上刷冷底子油和热沥青；

（3）木龙骨做防腐和防火处理，固定在基层上，木龙骨为 50mm×60mm 不等的方木，中距 330~390mm；

（4）在木龙骨上铺设企口面板或铺设毛板后再铺钉实木地板。

构造要点：

（1）毛板与面板成倾斜或垂直铺设；

（2）板与板之间拼缝要紧密；

（3）毛板上铺一层油纸或油毡；

（4）设置通风口。

【案例点评】

日本的建筑师对于木材的运用，以其独特的形式和魅力使其在世界领域内独树一帜。日本每年新建的住宅中，木构住宅的数量占 50% 以上。最近的民意调查也显示，多达 88% 的年轻人表示在条件允许的情况下，更愿意居住在木造住宅里。一直以来，日本建筑师对于大自然的美的认识都是出类拔萃的，特别是对原始的、本色的材料，诸如木材、混凝土等有着特殊的爱好和深入的研究。在木材的创造性运用上，日本建筑师一直走在挑战的前沿，创造出了很多新型的建造技术和设计手法。他们的作品往往既表现出对日本传统木结构建筑的继承和发扬，又表现出他们在现代建筑设计中对木材的运用所做的不懈探索与努力。和西方一些木构建筑发达的国家相比，在文化传统和风俗习惯上更接近我国的日本在这一领域的成功之处，应该对我们有一定的借鉴和启示作用。

在 1992 年塞维利亚世界博览会上，安藤忠雄设计的日本馆以其颇具东方神韵又不乏现代感的建筑风格备受世人关注。塞维利亚日本馆的建成，使东西方的建筑设计理念和民族文化传统出现了崭新的结合。安藤忠雄以其独特的创作手法，把国际上的现代主义和日本美学传统紧密结合在一起，形成了一套全新的设计理念（图 3-38）。

塞维利亚世界博览会日本馆是一个里程碑式的木构建筑，日本著名建筑师安藤忠雄采用集成木材这样的现代材料，以展现日本传统文化的美学观念为基点，演绎出将传统建筑技术与现代木构工艺有机结合所带来的全新形象。对于日本馆的设计创作，安藤的设计主旨是强调对材料本质和结合方式的理解，他试图通过一种现代技术来重新诠释日本的传统建筑文化。整座建筑面宽 60m，进深 40m，高 25m，堪称世界上最大的木结构建筑之一。建筑在地面上有四层，在这四层高的展馆中，安藤对传统木建筑的框架结构进行了重新整合，大量采用胶合木墙、木柱、木梁，由胶合木梁柱构成的框架体系支撑起了整座建筑，向现代人展示出一个具有浓郁日本特色的大空间。未上漆的木结构和白色粉墙建筑有意强调了材料的原本状态，无形之中又反映出日本传统文化以及日本人独特的美学精神。

图3-38 塞维利亚世界博览会——日本馆　　图3-39 入口中的"斗"

　　参观者首先是由一座独具传统韵味与象征性的太鼓桥登上高达数十米的观景平台，就可以见到一个硕大的由"斗"字演化来的门廊，人们可以深刻体会到隐藏在这种木结构组装方式中的日本传统建筑文化（图3-39）。在随后一个接连一个的展室中，强烈的阳光穿过半透明的特氟隆薄膜屋顶，在室内看似明亮而又均匀的漫射光使得该建筑的木架结构非常之清晰，并且映射出木材所散发的美丽而又柔和的自然光泽，烘托出日本式的木格纸门窗的空间意象。步入这座木的殿堂，人们完全可以找寻到古罗马万神庙的建筑痕迹，只是木质的纹理与柔和的光线让人感觉到的是更多的亲切，从而失去了石材的庄严与神秘感。建筑外部护板的层叠和曲翘方式也隐约向观众传达出传统特色，其后展厅空间的大小随参观速度的不同而起着明显变化，参观者会不由自主地将这种独特的空间感受和展览所陈述的日本历史联系在一起。塞维利亚日本馆的建成，使东西方的建筑设计理念和民族文化传统出现了崭新的结合（图3-40）。

图3-40 日本馆室内空间

　　日本建筑师安藤忠雄以其独特的创作手法，利用木材这一特殊的材质把国际上的现代主义和日本美学传统紧密结合在一起，形成了一套全新的设计理念。

　　对木材的应用，就设计者而言，还要注重对材料特性的扬长避短，将不同的材料进行重新组合搭配，形成"优势互补"。

　　在木材装饰制品中胶合木以它优良的可加工性和易弯曲的特点，在市场应用最为广泛，但它在实际应用中也有自身一定的局限性。虽然胶合木等人工合成木材经过改革，在材料的性能上已经比天然木材有了长足的进步，但相对于钢材，木构件受拉能力依然欠缺，在跨度、结构形式以及造型表现上还是不如钢材灵活多变。为了弥补木材自身的不足，设计中经常采用混合木结构形式，尤其在大跨度建筑中更是如此。最常见的胶合木复合结构是由木材、钢和钢筋混凝土结合形成的混合木结构。木结构作为主体结构和主要表现形式，决定建筑的整体结构形式和空间造型；钢构件往往作为承受拉力的辅助构件穿插于木结构之中以保证主体结构的稳定，并应用于节点设计之中，满足节点中复杂的力学要求。钢筋混凝土则往往作为建筑的基座和墙体，避免木结构直接与地面接触并增加建筑的整体稳定性。

　　1992年竣工的日本出云体育馆就是使用胶合木复合结构建造大空间的一个典型实例，这座圆形体育馆直径143m，高48.9m，模仿日本雨伞的构造，其布局与一把张开的雨伞的结构差不多。建筑以木结构为主，结合以薄膜、钢、钢筋混凝土结构构成复合结构。它不但具有优美的结构形式和建筑表皮，而且建造过程简便、成本相对低廉，热学性能优良，可以自然地排除屋面的雨雪（图3-41）。

图 3-41 日本出云体育馆

【课后练习】

学生分组讨论汇报木材装饰应用案例。

汇报演讲分组进行，3～4人为一组，自由组合。围绕木材装饰设计的主题，通过图书馆资料、网络资料及设计案例制作一份精美 PPT 报告，由一名组员代表现场讲解。汇报中要求对设计案例进行装饰风格和木材设计搭配两部分内容讲解。

【拓展阅读】

梁思成. 中国建筑艺术图集 [M]. 天津：百花文艺出版社，1999. 对于木材的运用，必须对中国的古典建筑，进行深入研究。

梁思成作为中国著名的建筑学家和建筑教育家，毕生从事中国古代建筑的研究和建筑教育事业，系统地调查、整理、研究了中国古代建筑的历史和理论，是这一学科的开拓者和奠基者。

《中国建筑艺术图集》一书按照建筑物上的部位进行分门别类，如台基、栏杆、斗拱、藻井、天花……配以精美图片，并冠以简略说明。可供设计者研究参考，也可供热爱建筑文化的读者欣赏、珍藏。

第4章 常用建筑装饰石材及施工工艺

学习目标

了解常用装饰石材的分类，熟悉不同石材的装饰应用特点。

了解熟悉常见的装饰石材墙地面的施工工艺。

重难点

了解并能区别大理石与花岗石以及其特点和用途。

理解大理石和花岗岩的墙面施工中的石材干挂法。

训练要求

了解石材在设计中的实际应用，重点掌握石材在柱体、墙面、地面设计中的应用。

4.1 常用建筑装饰石材

4.1.1 石材概述

天然岩石必须经过定形切削成定尺才能用于建筑或园林。

石材是相对较重的材料，因此与木材和砖相比，需要更多的处理技术。石材是防火的，而且根据不同的品种，从相当多孔的一直到极坚固的，应有尽有。

1．岩石及石材的分类

天然石材是由岩石经加工而制得的。按形成条件分：火成岩、沉积岩、变质岩。

（1）火成岩——又称岩浆岩，是岩浆冷却凝固而形成的岩石。它具有硬度大、强度高、吸水率小、加工难度大的特点，如花岗岩等。

（2）沉积岩——又称水成岩，是母岩经过风化后，再经过搬运、沉积和再造岩作用而形成的岩石。

沉积岩为层状结构，其各层的成分、结构、颜色、层厚等均不相同，与火成岩相比，其特性是：结构致密性较差、容重较小、孔隙率及吸水率均较大、强度较低也较差。如：石膏、石灰岩、砂岩等。石灰岩是烧制石灰和水泥的主要原料。

（3）变质岩——变质岩是原生的火成岩和沉积岩经过地质上的变化作用而形成的岩石。石灰岩（沉积岩）变质为大理石。而火成岩经变质后，性质反而变差，如花岗岩变质成片麻岩，易产生分层剥落使耐久性变差。

2．石材的特点

石材的特点是天然石材的结构致密，抗压强度很高，许多大型的建筑都用石材做建筑的基础。石材坚硬、耐磨。作为地面材料可以长时间使用而不至于损坏。石材的装饰效果好，纹理自，质感稳重、庄严，有力量感。

图 4-1 毛石饰面　　　　　　图 4-2 砂岩雕刻

石材还有耐水性和耐久性的特点。使用可达百年以上。同时石材还有蕴藏量丰富、分布广、取材方便等特点。这些优点使石材依然为当今建筑的主要基础和装饰材料。石材的缺点是质地坚硬，加工困难，自重大，开采和运输等较为不方便。

石材的特性使其未能充分用于建筑和装饰。坚硬的石头适合朴实的风格，而较软的石头主要用来雕饰或修饰（图 4-1、图 4-2）。但由于采石和砌石的成本日益高昂使得人们不敢问津，所以直到近代，石材仍是豪华的建筑材料。如今，石头被用来当作饰面，还出现了许多仿石材料。混凝土几乎完全取代了石材，石材仍充当高层建筑的饰面，并且在许多钢结构建筑中作为镶板。

4.1.2 石材为主的重点建筑介绍

石材在世界建筑史上谱写了不朽的篇章，石材建筑也在世界各国都留下许多佳作。如从奴隶社会时期的埃及卡纳可蒙神庙、古希腊的雅典卫城到近代的流水别墅与法国的德方斯巨门等（图 4-3 至图 4-6），无一不体现了石材古朴典雅、稳重大气的艺术魅力。

饰面石材分天然和人造两种。前者是指从天然岩体中开采出来，并经加工成块状或板状材料的总称。后者是以前者石碴为骨料制成的板块总称。

图 4-3 埃及卡纳可蒙神庙　　　图 4-4 古希腊的雅典卫城

4.1.3 常用的装饰石材种类

1．文化石

石料质地坚硬，几乎能与任何风格的陈设、地毯或其他饰物取得默契的配合。由于多数石料不易渗水（多孔性石类，如砂岩则不在此例），所以常用于过往行人频繁、潮气严重的场所。石料是户外场所的"天然伙伴"，现在很多人把它用在居室中则显得自然、幽雅，人们把用于装饰性的石料称为"文化石"（图 4-7）。

图 4-5 流水别墅　　　　　图 4-6 法国的德方斯巨门

2．透光大理石

透光大理石分天然与人造两种，独具晶莹通透之特点，配上艳丽悦目多元化的色彩，将单调枯燥之平面巧妙地幻化为立体之视觉艺术，各种花纹如行云流水、优美典雅、光洁清丽、恒久不变，具有透明透光的质感。具体运用于各建筑物的透光幕墙、透光吊顶、透光家具、高级透光灯饰等。

图 4-7 文化石

透光大理石应用范围广，适用于宾馆、酒店、商务大厦、歌舞厅、迪厅、咖啡厅等娱乐场所及家庭，用于制作透光幕墙、顶棚、透光家具、各种台面、透光灯罩、灯饰、灯柱、工艺品等具有独特的装饰效果（图 4-8）。

图 4-8 透光大理石室内装饰应用　　　图 4-9 耶鲁大学贝尼克珍本图书馆

耶鲁大学贝尼克珍本图书馆立面也采用了透光石板作为建筑围合材料，在呼应图书馆功能的同时，塑造了有韵味的空间效果。贝尼克珍本图书馆外墙全部由产自佛蒙特州的半透明大理石拼接而成，看不到一扇窗户，像个密不通风的闷罐子，从而避免了阳光直接照射，有利于馆内古籍的保护（图 4-9）。

3．太湖石

天然太湖石为溶蚀的石灰岩。主要产地为江苏省太湖、东山、西山一带。因长期受湖水冲刷，岩石受腐蚀作用形成玲珑的洞眼，有青、灰、白、黄等颜色。其他地区石灰岩近水者，也产此石，一般也称为太湖石。太湖石可呈现刚、柔、灵透、浑厚、顽拙等特征，或千姿百态，飞舞跌宕，形状万千。天然太湖石纹理张弛起伏、抑扬顿挫，具有一定结构形式的美感，尤其是在光影的辅助下，给人以多彩多变的美感与享受（图 4-10）。

太湖石，可以独立装饰，也可以联合装饰，还可以用太湖石兴建人造假山或石碑，成为中国园林中独具特色的装饰品，起到衬托与分割空间的艺术效果。

4．天然大理石

大理石是指变质或沉积的碳酸盐类的岩石。组织细密、竖实、可磨光，品种颜色繁多，有美丽的天然颜色，容易加工成型，表面经磨光和抛光后，呈现出鲜艳的光泽，在建筑装修中多用于饰面材，并可用于雕刻。但由于不耐风化，故较少用于室外，多用于建筑室内墙地面及立柱的饰面装饰（图 4-11）。

图 4-10 太湖石　　　　　　　图 4-11 天然大理石室内应用

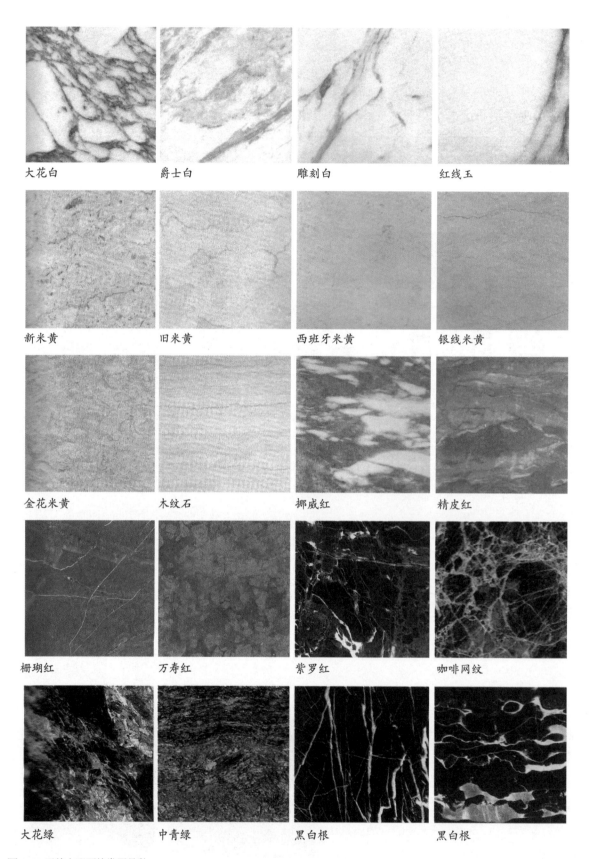

大花白	爵士白	雕刻白	红线玉
新米黄	旧米黄	西班牙米黄	银线米黄
金花米黄	木纹石	挪威红	精皮红
栅瑚红	万寿红	紫罗红	咖啡网纹
大花绿	中青绿	黑白根	黑白根

图 4-12 天然大理石的常用品种

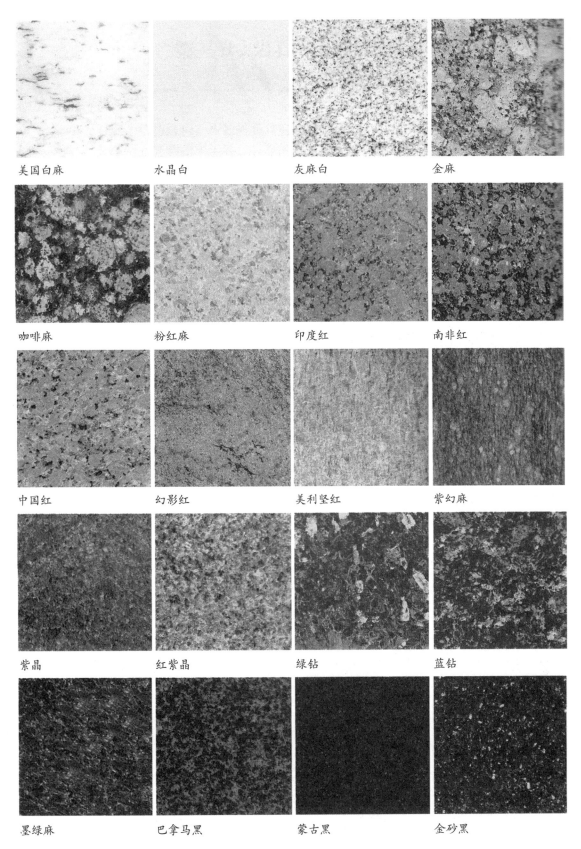

美国白麻　　　　　　水晶白　　　　　　　灰麻白　　　　　　　金麻

咖啡麻　　　　　　　粉红麻　　　　　　　印度红　　　　　　　南非红

中国红　　　　　　　幻影红　　　　　　　美利坚红　　　　　　紫幻麻

紫晶　　　　　　　　红紫晶　　　　　　　绿钻　　　　　　　　蓝钻

墨绿麻　　　　　　　巴拿马黑　　　　　　蒙古黑　　　　　　　金砂黑

图 4-13 天然花岗岩的常用品种

大理石的一般技术指标如下：容重为 2500~2700kg/m³，抗压强度为 50~190MPa，抗弯强度为 1.6~7.8MPa，吸水率小于 1%，耐用年限 150 年左右。

天然大理石的常用品种，如图 4-12 所示。

5．天然花岗岩

花岗石岩属岩浆岩，其主要矿物成分为长石、石英、云母等，主要特点为构造致密、硬度大、耐磨、耐火及耐大气中的化学侵蚀。其花纹为均粒状斑纹及发光云母微粒。花岗石是建筑装修中最高档的材料之一，多用于内外墙、地面，有"石烂需千年"的美称。天然花岗岩的常用品种，如图 4-13 所示。

花岗岩一般技术指标为：容重 2800~3000kg/m³，抗压强度为 100~280MPa，抗弯强度为 1.3~1.9MPa，空隙率及吸水率均小于 1%，抗冻性能为 100~200 次冻融循环，耐酸性能良好，耐用年限 200 年左右。

图 4-14 天然花岗岩的室外应用

花岗岩石材的特点是硬度大、坚固耐磨、耐酸碱腐蚀、花纹变化小、可拼性强、吸水较小、不易被污染，是装饰客厅、饭厅、厨房、阳台、地面、厨房台面、茶几面、窗台的高级装饰材料（图 4-14）。

6．人造石材

（1）树脂基石材

是以不饱和聚酯为黏结剂，以石英砂、大理石、方解石及石粉为集料，经配料、搅拌、成型、固化、切割、抛光等工艺制成。这种石材色彩花色均匀，光泽性好，如人造玉石、人造大理石和人造玛瑙石，常用于茶几台面、窗台面、餐桌面、整体橱柜台面以及浴缸、洗脸盆、人造大理石壁画等（图 4-15）。

人造石材的装饰特点：

①装饰性好。

②强度高、耐磨性较好。

③耐腐蚀性、耐污染性好。

④生产工艺简单，可加工性好。

⑤耐热性、耐候性较差。

图 4-15 树脂基石材应用

图 4-16 烧结型石材应用

（2）烧结型石材

是指以高岭土、长石、石英等矿物材料，经配料成型、干燥、烧成等工序制成。如似陶似玉的微晶玻璃制品，强度可高于花岗岩，而光泽宛若玻璃花纹美似碧玉，色彩优于陶瓷，具有很高的装饰艺术性（图4-16）。如玻璃马赛克，常用于卫生间墙面地面局部处理等。

（3）水泥基石材

是以硅酸盐水泥、铝酸盐水泥等为胶凝材料，以砂石为粗细集料，经配料、搅拌、成型、养护、切割等工序制成。这种人造石材成本低，色彩可按要求调配，具有可模性，可在室内外大面积采用（图4-17）。

图 4-17 高铝水泥人造大理石

4.2　常用装饰石材的施工工艺

天然大理石、花岗岩在现在的装饰工程中应用广泛，从家居装饰到商业、景观工程中无处不在。

4.2.1 石材地面施工

大理石、花岗石楼地面多用于门厅、大堂、营业厅等公共场所装饰标准较高的楼地面。

1．规格为 300mm×300 mm~600mm×600mm，厚度 20~30mm，也可按设计要求加工。

2．铺贴构造：

（1）刷掺有 107 胶的素水泥浆结合层；

（2）抹 30 厚干硬性水泥砂浆找平层；

（3）刷素水泥浆结合层；

（4）铺贴面层。

4.2.2 石材墙面施工

大理石、花岗石在墙面装饰施工过程中，此类板材厚重，尺寸规格大，镶贴高度大，以贴挂相结合的施工工艺为主。主要的做法有挂贴法（湿挂法）、干挂法（钩挂件固定法）。

1．挂贴法

挂贴法的基本构造层次包括基层、浇注层（找平层和黏结层）、饰面层。饰面板材绑挂在基层上，再灌浆固定，这就是所谓双保险做法，是用于室内外墙面石材镶贴的施工技术。

具体的施工工艺是在主体结构上用膨胀螺栓固定水平钢筋或在主体结构上预埋钢筋固定钢筋网片，再将石材通过铜丝固定在钢筋或钢筋网上，随后灌浆粘贴，这种方法称为湿贴安装法（图4-18）。

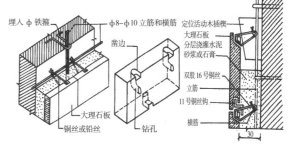

图 4-18　石材湿贴法

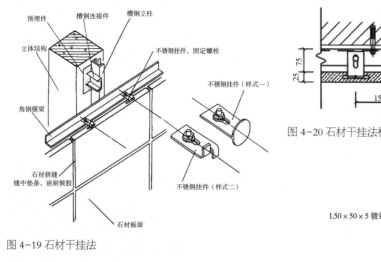

图 4-19 石材干挂法

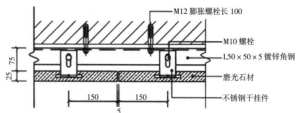

图 4-20 石材干挂法横向大样图

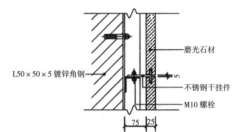

图 4-21 石材干挂法纵向大样图

2. 干挂法

石材干挂法是一种现代市场上应用广泛的石材构造方式。它又可分为无龙骨体系和有龙骨体系 (图 4-19 至图 4-21)。

具体施工工艺如下:

①在基层上按板材高度固定金属锚固件;

②在板材上下沿开槽口;

③将金属扣件插入板材上下槽口与锚固件 (或龙骨) 连接;

④在板材表面缝隙中填嵌防水油膏。

石材干挂法的优点:

①干挂法避免了传统湿挂法中因水泥化学作用易出现的花脸、变色、锈斑现象。

②板材独立吊挂于墙面之上,板材之间也没有重量的累加,与湿挂法相比,对墙体的荷载较轻,不易脱落破损。

③吊挂件轻巧灵活,可前后左右调节,施工质量容易保证。

④干作业施工进度快,周期短,减少了现场污染和人工费用。

【案例点评】

位于挪威奥斯陆东南郊的莫腾斯鲁德 (Mortensrud) 教堂利用石材作为维护体系来获得与自然对话的和谐关系。这座教堂坐落在小山上,周围有茂密的松树林和自然裸露的岩石。为了使建筑与环境和谐相处,建筑师选用亲切、自然的当地石材。礼拜堂两侧的侧廊和服务部分的外墙采用石块砌筑,与同是石片饰面的基座连成石片墙,室内看似随意设置的露出地面的岩石代表了自然的元素。建筑的底部被钢结构架空,将未经处理的粗糙石片以最为真实自然的质感和形态在下部支撑钢梁上做层叠砌筑,粗糙、参差、无序的石墙与光滑、纤细、规整的钢材形成视觉上的强烈冲击。圣坛后面的钢框架用于石块填充,出现在二层层高线以上。干石块成了散射天光的半透明的荧屏,以其不规则的排列与钢框架的精确形成强烈对比。没有经过切割的石头以自然形态精心排列，形成参差不齐的肌理。建筑师熟练地模糊了内外空间的界限，利用石块将自然巧妙地引入建筑。同时，石片间无规律的缝隙在阳光的渲染下展现奇特的镂空图案，斑驳的光影使得整个空间变得异常空灵，巧妙的构思竟然为厚重的石材带来一种轻盈之感（图4-22）。

密斯·凡·德·罗在巴塞罗那展览馆中证明了薄石表面的可能性。水池、抛光的玛瑙、大理石、浮动的玻璃以及层层叠叠的石灰石隔板，组成介于真实界面和反射表面之间的空间，使人想起19世纪梦幻般的室内空间。密斯运用石结

图4-22 挪威的莫腾斯鲁德教堂

构在光、反射和墙表之间，在玻璃的透明性和石材的不透明性之间进行各种变换。在密斯的作品中，当石

图4-23 巴塞罗那展览馆

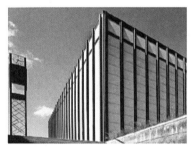

图4-24 圣·皮乌斯（St Pius）教堂的内外效果

材的颜色、比例以及表面的效果都呈现出一种令人着迷的感觉，同时也展示了一种全新建构的方法。石材也加强了这些薄薄的、自由布局的隔板的节奏感（图4-23）。

坐落于瑞士卢塞恩市梅根琉森湖畔的圣·皮乌斯（St Pius）教堂是石材薄板与金属框架组合最早的典型代表。从外观看，这座教堂只是一座非常简单纯净的钢结构的立方体，拥有着几乎完全相同的四个立面。但建筑师弗朗兹·弗艾格突破传统砌筑或干挂的石材建构手法，创造性地将其加工成仅28mm厚的意大利潘泰列克大理石板，并卡入工字钢之间形成一层薄薄的石表皮。这一颠覆性的设计与建构将这座看似普通的"方盒子"打造成一座最为与众不同的教堂。白天，室外的石表皮表现出真实自然的灰白色，阳光下隐约透露出大理石的优美纹理；当从室内观察时，投射的阳光将这层石板墙渲染成温暖、优雅的赭石色，同时映出极为自然、斑驳的特殊纹理效果，营造出一种与教堂极为契合的神秘气氛，将这座教堂打造成一座"精神的家园"（图4-24）。而当夜幕降临，内部的灯光点亮了这层薄石板的外墙，使得这种奇特的内外视觉效果发生戏剧性的反转，夜色中的教堂犹如方形灯笼在空中摇曳，散发出温暖柔和的橙色光线。

北京中银大厦给人最突出的印象恐怕要算占据建筑主体的浅灰米黄的凝灰石了，这种石材的英文名称是Travertine，中文的译法称"石灰华"。是一种既非大理石，又非花岗石的石材。有一种类似水流或木材的纹理，并散布着一些孔洞，故又俗称"意大利洞石"。这种石材在欧美国家的建筑中有着非常广泛的应用。

图 4-25 北京中银大厦

其质感和色彩柔和而含蓄，使得这种石材无论在外墙、内墙还是地面都有很丰富的表现力。对于贝氏来说，他们更喜欢将建筑的室内外统一考虑，那么这种石材应该是非常理想的选择了（图4-25）。

为了挑选符合设计思想的石材，贝聿铭先生与幕墙专家以及其他建筑师曾多次到意大利的采石场勘察，以确认采石场有足够的藏量，保证石材在纹理和色彩上的一致。石材的供应商也按照大厦的设计要求制作了很多大样供设计人员比较和挑选。建筑师和石材厂商对 Travertine 的表面孔洞是否适应北京的气候条件也做了研究。研究的结果认为，这些孔洞会影响石材的性能和寿命，因此需要将这些孔洞封堵起来。石材厂商提供了专用材料用

图 4-26 北京中银大厦

来填补孔洞。

除了墙面，中银大厦还在室内地面、营业厅和楼层接待厅等处使用了其他品种的大理石。这些石材也由意大利进口，虽然外墙的主体石材是进口石材，但在设计过程，贝聿铭先生还是尽可能地选用一些当地的材料，并且很好地发挥了这些石材的特性。在外墙的基部（即勒脚处），采用了国产的灰色花岗石，并在室外广场也采用了同一种石材。灰色的花岗石与浅灰米黄的凝灰石搭配得很得体（图 4-26）。

上海红子鸡餐厅整体的设计风格采用了新古典主义设计风格，摒弃了传统欧式风格里烦琐的线条和肌理，利用简练和精细的设计手法，在传承文化底蕴的基础上，传神地表达了传统欧式风格中规则、秩序、均衡、典雅的精神。新古典主义风格，更像是一种多元化的思考方式，将怀古的浪漫情怀与现代人对生活的需求相结合，兼容华贵典雅与时尚现代，反映出后工业时代个性化的美学观点和文化品位。

上海红子鸡餐厅中的前台部分主要由就餐大厅和前台接待大厅组成，其中就餐大厅又包括散座、三个宴会厅、豪华包房和新娘用房等（图 4-27）。此案在地面铺装上选择了深啡网、旧米黄、金花米黄、黑白根等同色调大理石，采用了深色波打线、斜格纹、鳞状纹等简化的古典纹样，打造出了精致典雅、温馨和谐的室内氛围。这种地面材质的搭配组合在现代家居、酒店等室内设计中应用广泛，深受人们的喜爱（图 4-28 至图 4-31）。

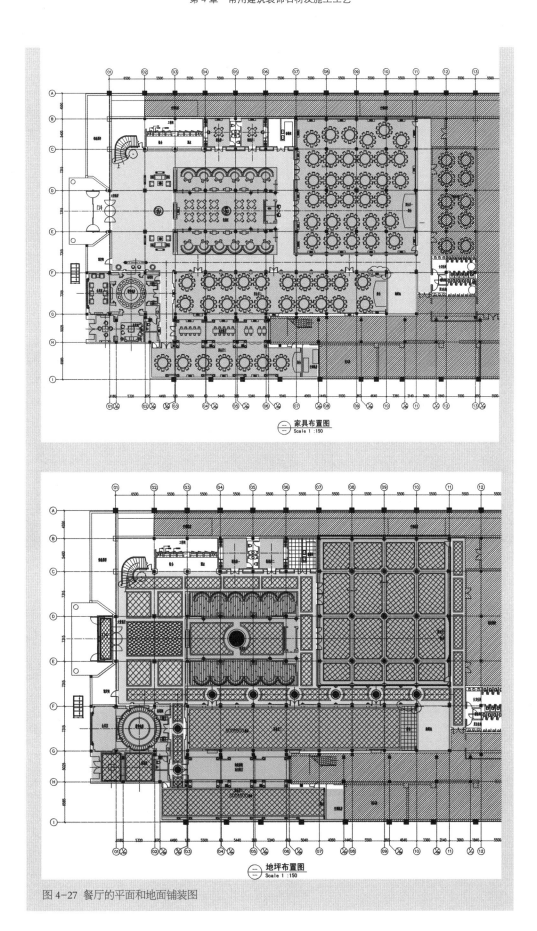

图 4-27　餐厅的平面和地面铺装图

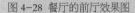

图 4-28 餐厅的前厅效果图

图 4-29 餐厅的包房效果图

图 4-30 餐厅的前厅效果图

图 4-31 餐厅的过道效果图

【课后练习】

1. 学生分组讨论汇报石材装饰应用案例。

汇报演讲分组进行，3～4人为一组，自由组合。围绕石材装饰设计的主题，同学们通过图书馆资料、网络资料及设计案例制作一份精美 PPT 报告，由一名组员代表现场讲解。汇报中要求对设计案例进行装饰风格和石材设计搭配两部分内容讲解。每组结果按优良、中、及格记入平时成绩单中。

2. 常见装饰石材的种类及特点有哪些？

3. 装饰石材的设计应用案例资料收集。

【拓展阅读】

[1] 戴维·德尼. 新石材建筑 [M]. 王宝民，译. 大连：大连理工大学出版社，2004.

[2] 楼庆西. 砖石艺术 [M]. 北京：中国建筑工业出版社，2010.

[3] 马进，杨靖. 当代建筑构造的建构解析 [M]. 南京：东南大学出版社，2005.

第 5 章　陶瓷装饰材料相关施工工艺

学习目标

了解陶瓷装饰材料的种类及特点，熟悉它们在建筑装饰工程中的应用。

熟悉常见的墙地瓷砖的铺贴施工工艺。

重难点

了解常用装饰瓷砖的品种和性能。

掌握陶瓷墙地砖施工工艺。

训练要求

了解陶瓷装饰材料在装饰设计中的实际应用。

5.1 常用陶瓷装饰材料

陶瓷制品是最古老和常用的建筑装饰材料之一。瓷砖的历史应该追溯到公元前 4000 年，那时埃及人已开始用瓷砖来装饰各种类型的房屋。人们将黏土砖在阳光下晒干或者通过烘焙的方法将其烘干，然后用从铜中提取出的蓝釉进行上色。公元前 4000 年前，美索不达米亚地区也发现了瓷砖，这种瓷砖以蓝色和白色的条纹达到装饰的目的，后来出现了更多种的式样和颜色。

我国是陶瓷艺术的中心，早在殷商时期（公元前 1523— 前 1028 年）

图 5-1 唐三彩 胡俑骑骆驼

图 5-2 清 郎窑红胆瓶

就生产出一种精美的白炻器，它使用了早期的釉料进行粉饰。唐代的赵窑青瓷和邢窑白瓷、唐三彩（图5-1），宋代的高温色釉、铁系花釉，明清时期的青花、粉彩、祭红、郎窑红（图5-2）等产品都是我国陶瓷史上光彩夺目的明珠。我国传统的陶瓷制品无论在材质、造型或装饰方面都有很高的工艺和艺术造诣。

数个世纪以来，瓷砖的装饰效果随着瓷砖生产方法的改进而提高。例如，在伊斯兰时期，所有瓷砖的装饰方法在波斯达到了顶峰。随后，瓷砖的运用逐渐盛行全世界，在许多国家和城市，瓷砖的生产和装饰达到了顶点。在瓷砖的历史进程中，西班牙和葡萄牙的马赛克、意大利文艺复兴时期的地砖、安特卫普的釉面砖、荷兰瓷砖插图的发展以及德国的瓷砖都具有里程碑式的意义。

在古代，瓷砖都是手工制作，也就是说，每一块瓷砖都是手工成型、手工着色，因此每一块瓷砖都是一件独特的艺术品。随着现代科学技术的发展和人民生活水平的提高，建筑陶瓷的应用更加广泛，其品种、花色和性能也有了很大的变化。瓷砖几乎被用到建筑的方方面面，譬如墙壁、地面、天花板、壁炉、壁画以及建筑的外墙等。如今，在全世界范围内，瓷砖不再是手工制作、手工着色，而是运用自动化的生产技术，人的手只是用来把瓷砖安装好。在现代建筑装饰陶瓷中，应用最多的是釉面砖、地砖和锦砖。它们的品种和色彩多达数百种，而且还在不断涌现新的品种。与过去一样，室内室外都使用瓷砖进行装饰，譬如地面、墙面、台面、壁炉、喷泉以及外墙等。

本章主要介绍陶瓷釉面砖、陶瓷墙地砖、陶瓷锦砖、陶瓷琉璃制品以及一些新型的陶瓷材料和其施工工艺。

5.1.1 陶瓷概述

1. 陶瓷的概念

传统意义上的陶瓷是指以黏土及其天然矿物为原料，经过粉碎混炼、成型、焙烧等工艺过程所制得的各种制品，亦称为"普通陶瓷"。

用于建筑物饰面或作为建筑构件的陶瓷制品，称为建筑陶瓷。建筑陶瓷具有强度高、性能稳定、耐腐蚀性好、耐磨、防水、防火、易清洗和装饰性好等特点。随着近代科学技术的发展，需要充分利用陶瓷材料的物理和化学性质，近百年来出现了许多新的陶瓷品种，如氧化物陶瓷、压电陶瓷、碳化物陶瓷、金属陶瓷等各种高温结构陶瓷和功能陶瓷，统称为新型陶瓷或特种陶瓷、精密陶瓷。它们的生产过程虽然基本上还是原料处理—成型—煅烧这种传统的陶瓷生产方法，但采用的原料已不再或很少使用黏土等传统陶瓷原料，而已扩大到化工原料和人工合成原料，其组成范围也已从传统的硅酸盐领域拓展到无机非金属材料，

图5-3 仰韶陶器

并且在原料处理、成型、烧成等工艺过程中出现了许多新工艺、新技术。因此，广义的陶瓷概念是用陶瓷生产方法制造的无机非金属固体材料和制品的统称。

2. 陶瓷的分类

普通陶瓷制品按所用原材料种类不同以及坯体的密实程度不同，可分为陶器、瓷器和炻器三大类，它们的特性分别如下：

（1）陶器（图5-3），即陶质制品为多孔结构，通常吸水率较大，断面粗糙无光，不透明，不明亮，敲击声粗哑，有的无釉，有的施釉。烧成温度较低，一般小于1300℃。陶器根据其原

料土杂质含量的不同，又可分为粗陶和精陶两种。

　　粗陶的坯料由含杂质较多的砂质黏土组成。建筑上常用的烧结黏土砖、瓦、盆、罐、管等，都是最普通的粗陶制品。精陶是指坯体呈白色或象牙色的多孔制品，多以可塑性黏土、高岭土、长石、石英等为原料，一般两次烧成。建筑饰面用的彩陶、美术陶瓷、釉面砖等均属此类。精陶因其用途不同，可分别称为建筑精陶（图5-4）、日用精陶和美术精陶。

图 5-4 建筑陶板

　　（2）瓷器，即瓷质制品，其坯体结构致密，基本上不吸水，有一定的半透明性，敲击时声音清脆，具有较高的力学性能，其表面通常都施有釉层，烧成温度较高，一般在 1250℃～1450℃。瓷器按其原料的化学成分与工艺制作的不同，分为粗瓷和细瓷两种。瓷质制品多为日用细瓷（图5-5）、陈设瓷、美术瓷、高压电瓷、高频装置瓷等。

　　（3）炻器，在中国古代称"石胎瓷"，坯体致密，已完全烧结，这一点很接近瓷器。但还没有玻化，仍有 2% 以下的吸水率，坯体不透明，有白色的，而多数允许在烧后呈现颜色，所以对原料纯度的要求不及瓷器那样高，原料取给容易。炻器按其坯体的细密程度不同，又分为粗炻器和细炻器两种。粗炻器是炻器中均匀性较差、较粗糙的一类，吸水率一般为 4%～8%，建筑饰面用的外墙面砖、地砖等属于此类。细炻器是指日用细炻和陈列品，由陶土和部分瓷土烧制而成。如日用器皿、化工及电器工业用陶瓷等。炻器具有很高的强度和良好的热稳定性，很适应于现代机械化洗涤，并能顺利地通过从冰箱到烤炉的温度急变，在国际市场上由于旅游业的发达和饮食的社会化，炻器比之搪陶具有更大的销售量。

图 5-5 日用细瓷

图 5-6 宜兴紫砂陶

　　我国陶都宜兴的紫砂陶（图5-6）即为一种不施釉的有色细炻器，系用当地特产紫泥制坯，经能工巧匠精雕细琢，再经熔烧制成成品，是享誉中外的日用器皿。炻器的机械强度和热稳定性优于瓷器，且对原泥选择不及瓷器那么严格，所以成本较瓷器低廉。

　　陶器和瓷器虽然是两种不同的物质，但两者间存在着密切的联系。两者的主要区别在于吸水率。吸水率小于 0.5% 为瓷，大于 10% 为陶，介于两者之间的为半瓷。我们常见的各种抛光砖、无釉锦砖、大部分卫生洁具是瓷质的，吸水率 E ≤ 0.5%；仿古砖、小地砖、水晶砖、耐磨砖、哑光砖等是炻质砖，即半瓷砖，吸水率 0.5%<E ≤ 10%；瓷片、陶管饰面瓦、琉璃制品等一般都是陶质的，吸水率 E >10%。吸水率是陶瓷制品中的气孔吸附水分的多少占制品的百分比。另外，陶器的胎料是普通的黏土，瓷器的胎料是瓷土（高岭土）。陶器的烧成温度约在 900℃，瓷器则需要 1200℃左右才能烧成。

陶器不施釉或施低温釉，瓷器则多施釉。陶器胎质粗松，断面吸水率高；瓷器经过高温焙烧，胎体坚固致密，断面基本不吸水，敲之会发出清脆的金属声响。

造陶往往是就地取材，有什么土就用什么土，但制瓷要精选土，尤其是采用景德镇人发现的高岭土。高岭土对于提高瓷的光洁性、致密性、白度、硬度等起到了关键性的作用。简单地说，陶瓷本身就是两个概念，一个是陶，一个是瓷。陶器的坯体即使比较薄也不具备半透明的特点。例如龙山文化的黑陶，薄如蛋壳，却并不透明。瓷器的胎体无论薄厚，都具有半透明的特点。

5.1.2 陶瓷的表面装饰

陶瓷坯体表面粗糙，易沾污，装饰效果差。除紫砂地砖等产品外，大多数陶瓷制品都要表面装饰加工。最常见的陶瓷表面装饰工艺是施釉面层、彩绘、饰金等。

1. 施釉

釉面层是由高质量的石英、长石、高岭土等为主要原料制成浆体，涂于陶瓷坯体表面二次烧成的连续玻璃质层，具有类似于玻璃的某些性质，但釉并不等于玻璃，二者是有区别的。釉面层可以改善陶瓷制品的表面性能并提高其力学强度。施釉面层的陶瓷制品表面平滑、光亮、不吸湿、不透气，易于清洗。

釉的种类繁多，组成也很复杂。按外表特征分类有透明釉、乳浊釉、有色釉、光亮釉、无光釉、结晶釉、沙金釉、光泽釉、碎纹釉、珠光釉、花釉、流动釉等。 施釉的方法有涂釉、浇釉、浸釉、喷釉、筛釉等。

2. 彩绘

在陶瓷制品表面用彩料绘制图案花纹是陶瓷的传统装饰方法。彩绘有釉下彩绘和釉上彩绘之分。

釉下彩绘（图5-7）是在陶瓷坯体或素烧釉坯表面进行彩绘，然后覆盖一层透明釉，烧制而成的即为

釉下彩。彩料受到表面透明釉层的隔离保护，使彩绘图案不会磨损，彩料中对人体有害的金属盐类也不会溶出。现在国内商品釉下彩料的颜色种类有限，基本上用手工彩画，限制了它在陶瓷制品中的广泛应用。

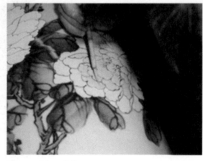

图 5-7 釉下彩绘　　　　　　图 5-8 釉上彩绘

釉上彩绘（图5-8）是在烧好的陶瓷釉上用低温彩料绘制图案花纹，然后在较低温度下（600℃～900℃）二次烧成的。由于彩烧温度低，故使用颜料比釉下彩绘多，色调极其丰富。同时，釉上彩绘在高强度陶瓷体上进行，因此除手工绘画外，还可以用贴花、喷花、刷花等方法绘制，生产效率高，成本低廉，能工业化大批量生产。但釉上彩易磨损，表面有彩绘凸出感觉，光滑性差，且易发生彩料中的铅被酸所溶出而引起铅中毒。

3. 特殊装饰釉

包括结晶釉和沙金釉、裂纹釉、无光釉、光泽彩、贵金属装饰、流动彩等6种。 如：饰金用金、银、铂或钯等贵金属装饰在陶瓷表面釉上，这种方法仅限于一些高级精细制品（图5-9）。饰金较为常见，其他贵金属装饰较少。金装饰陶瓷有亮金、磨光金和腐蚀金等，亮金装饰金膜厚度只有0.5μm，这种金膜容

易磨损。磨光金的厚度远高于亮金装饰，比较耐用。腐蚀金装饰是在釉面用稀氢氟酸溶液涂刷无柏油的釉面部分，使之表面釉层腐蚀。表面涂一层磨光金彩料，烧制后抛光，腐蚀面无光，未腐蚀面光亮，形成亮暗不一的金色图案花纹。

图5-9 明代 蓝釉鱼纹瓷罐

5.1.3 常用的建筑装饰陶瓷

建筑装饰陶瓷是用于建筑物墙面、地面及卫生设备的陶瓷材料。按使用部位不同可分为内墙砖、外墙砖、室内地砖、室外地砖、广场地砖和配件砖。

建筑装饰陶瓷按工艺、花色又可分为釉面内墙砖、陶瓷墙地砖、陶瓷锦砖和建筑琉璃制品等。

1. 釉面内墙砖

釉面内墙砖是将磨细的泥浆脱水干燥后用半干法压型，素烧后施釉入窑烧制而成的，属于精陶制品。其表面施釉，制品经烧成后表面平滑、光亮，颜色丰富多彩，图案五彩缤纷，是一种高级内墙装饰材料。釉面内墙砖耐污性好，便于清洗，防潮，耐腐蚀，外形美观，耐久性好，而且表面光亮细腻，色彩和图案丰富，风格典雅，具有很好的装饰性，多用于厨房、卫生间、浴室、理发室、内墙裙等处的装修及大型公共场所的墙面装饰。釉面内墙砖（图5-10）铺贴前要浸水处理，保有一定的水分才不会影响黏结层水泥的正常水化和凝结硬化。

图5-10 釉面内墙砖

釉面砖品种繁多，规格不一。正方形釉面砖常用规格有100mm×100mm，152mm×152mm，200×200mm，长方形釉面砖常用规格有152mm×200mm， 200mm×300mm，250mm×330mm，300mm×450mm等，常用的釉面砖厚度为5~10mm 。釉面内墙砖在装饰工程中使用非常广泛，因而对其技术质量要求也非常细致。根据外观质量的优劣，釉面内墙砖分为优等品、一级品和合格品三个等级。釉面内墙砖色差应符合以下要求：优等品颜色基本一致；一级品色差不明显；合格品色差不严重。另外还有平整度、边直度、直角度、白度等质量标准。

图5-11 陶瓷地砖

釉面内墙砖为多孔坯体，吸水率较大，会产生湿涨现象，而其表面釉层的吸水率和湿涨性又很小，再加上冻胀现象的影响，会在坯体和釉层之间产生应力。当坯体内产生的胀应力超过釉层本身的抗拉强度时，就会导致釉层开裂或脱落，严重影响饰面效果，因此釉面砖不能用在室外。

图5-12 陶瓷地砖装饰效果

釉面砖常见的质量问题主要有两个方面：

（1）龟裂

龟裂产生的根本原因是坯与釉层间的应力超出了坯釉间的热膨胀系数之差。当釉面比坯的热膨胀系数大，冷却时釉的收缩大于坯体，釉会受拉伸应力，当拉伸应力大于釉层所能承受的极限强度时，就会产生龟裂现象。

（2）背渗

不管哪一种砖，吸水都是自然的，但当坯体密度过于疏松时，就不仅是吸水的问题了，而是渗水泥的问题，即水泥的污水会渗透到表面。

2．陶瓷墙地砖

陶瓷墙地砖是外墙面砖和室内外地砖的统称。外墙砖和地砖虽然它们在外观形状、尺寸及使用部位上各有不同，但由于它们在技术性能上的相似性，使得部分产品可用作墙地通用砖，故通常把二者合在一起称为墙地砖。陶瓷墙地砖属炻质或瓷质陶瓷制品（图5-11）。

陶瓷墙地砖具有强度高、致密坚实、耐磨、吸水率小（≤10%）、抗冻、耐污染、易清洗、耐腐蚀、经久耐用等特点，同时表面图案丰富，色彩种类瑰丽，品种繁多，具有极强的装饰性（图5-12）。

墙地砖的生产工艺与釉面内墙砖相似，但它增加了坯体的厚度和强度，降低了吸水率。墙地砖的表面质感丰富，通过改变配料和相应的制作工艺，可制成平面、麻面、毛面、磨光面、抛光面、纹点面、压花浮雕表面、仿大理石或花岗岩表面、防滑面，以及丝网印刷、套花、渗花等不同面层的品种，获得多种装饰效果。其中抛光砖以其光洁华美的质感和优良的物理化学性能占据了最广泛的市场，也成为发展最快的一种墙地砖。

陶瓷墙地砖主要是正方形和长方形，其厚度以满足使用强度要求为原则，由生产厂商自定（通常为8~12mm）。从普遍情况看，地面用砖规格要比墙面用砖规格较大。而且从墙地砖的发展趋势看，地面砖的使用规模正在向正方形超大规格面砖方向发展。

3．陶瓷锦砖

陶瓷锦砖又称马赛克，由于成品按不同图案贴在纸上，也称为纸皮石。陶瓷锦砖具有美观、不吸水、易清洗、防滑、耐磨、耐酸、耐火以及抗冻性好等性能。由于块小，不易踩碎，因此主要用于室内地面装饰，如浴室、厨房、卫生间等环境的地面工程。陶瓷锦砖也可用于内、外墙饰面，并可镶拼成有较高艺术价值的陶瓷壁画，提高其装饰效果并增强建筑物的耐久性。由于陶瓷锦砖在材质、颜色方面选择种类多样，可拼装图案相当丰富，为设计师提供了很好的发挥创造力的空间。

陶瓷锦砖断面可分为凸面和平面两种，凸面的多用于墙面装修，平面的则多铺设地面。单块马赛克常见的形状有正方形、矩形、六边形、三角形、梯形、菱形等，边长一般在20~30mm之间，最大在50mm以内，厚度在3~4.5mm之间。陶瓷锦砖有挂釉和不挂釉两种，现在的主流产品大部分不挂釉。

马赛克（Mosaic）是一种特殊存在方式的砖，它一般由数十块小块的砖组成一个相对的大砖。它以小巧玲珑、色彩斑斓被广泛使用于室内小面积地墙面和室外大小幅墙面和地面。其

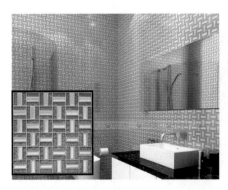

图 5-13 玻璃马赛克装饰效果

主要分为：

（1）陶瓷马赛克。是最传统的一种马赛克，以小巧玲珑著称，但较为单调，档次较低。

（2）大理石马赛克。是中期发展的一种马赛克品种，丰富多彩，但其耐酸碱性差、防水性能不好，所以市场反应并不是很好。

（3）玻璃马赛克（图 5-13）。玻璃的色彩斑斓给马赛克带来蓬勃生机。它依据玻璃的品种不同，又分为熔融玻璃马赛克、烧结玻璃马赛克和金星玻璃马赛克。

陶瓷锦砖在施工时反贴于砂浆基层上，把牛皮纸润湿，在水泥初凝前把纸撕下，经调整、嵌缝，即可得到连续美观的饰面。为保证在水泥初凝前将衬材撕掉，露出正面，要求正面贴纸陶瓷锦砖的脱纸时间不大于 40 分钟。陶瓷锦砖与铺贴衬材应黏接合格，将成联锦砖正面朝上两手捏住联一边的两角，垂直提起，然后放平反复 3 次，锦砖不掉为合格。

图 5-14 故宫的琉璃装饰　　　　　　　　　　　　　　　图 5-15 琉璃瓦和装饰构件

4. 建筑琉璃制品

建筑琉璃制品是一种低温彩釉建筑陶瓷制品，既可用于屋面、屋檐和墙面装饰（图 5-14），又可作为建筑构件（图 5-15）使用，融装饰与结构件于一体，集釉质美、釉色美和造型美于一身。主要包括琉璃瓦（板瓦、筒瓦、沟头瓦等）、琉璃砖（用于照壁、牌楼、古塔等贴面装饰）、建筑琉璃构件等。琉璃制品是我国古建筑中最具代表性和特色的部分，主要用于具有民族风格的房屋以及建筑园林中的亭台、楼阁等。在古建筑中，它的使用按照建筑形式和等级，有着严格的规定，在搭配、组装上也有极高的构造要求。

琉璃制品是以难熔黏土做原料，经配料、成型、干燥、素烧、表面涂以琉璃釉料后，再经烧制而成。琉璃制品属于精陶瓷制品，颜色有金、黄、绿、蓝、青等。品种分为三类：瓦类（板瓦、筒瓦、沟头）、脊类和饰件类（物、博古、兽等）。琉璃制品表面光滑、色彩绚丽、造型古朴、坚实耐用，富有民族特色。其彩釉不易剥落，装饰耐久性好，比瓷质饰面材料容易加工，且花色品种很多。

5.1.4 其他新型建筑装饰陶瓷制品

随着社会经济的发展和人民生活水平的提高，对新型陶瓷墙地砖的需求量也日益扩大。市场需要绿色环保、节能耐用、造型新颖、施工方便、价格低廉的产品。而科技的飞速发展使这种需要得以满足，大量的新型陶瓷产品不断涌现。

图 5-16 劈离砖

1. 劈离砖

劈离砖,因熔烧后可劈开分离而得名,是一种炻质墙地通用饰面砖,又称劈裂砖、劈开砖等(图5-16)。劈离砖是将一定配比的原料,经粉碎、炼泥、真空挤压成型、干燥、高温煅烧而成。劈离砖由于成型时为双砖背连坯体,烧成后再劈裂成两块砖,故称为劈离砖。

与传统方法生产的墙地砖相比,它具有坯体密实、抗压强度高、吸水率小、耐酸碱性强、防滑防腐、耐急冷急热、性能稳定等优点。劈离砖的生产工艺简单、效率高、原料广泛、节能经济、色彩丰富、表面质感变换多样、装饰效果优良,因此得到广泛应用。

劈离砖适用于各类建筑物外墙装饰,也适合用作楼堂馆所、车站、候车室、餐厅等处室内地面铺设。较厚的砖适合于广场、公园、停车场、走廊、人行道等露天地面铺设,也可作游泳池、浴池池底和池岩的贴面材料。

图 5-17 玻化砖装饰效果

2. 玻化砖

玻化砖也称为瓷质玻化砖、瓷质彩胎砖,是坯料在1230℃以上的高温下,使砖中的熔融成分成玻璃态,具有玻璃般亮丽质感的一种新型高级铺地砖。玻化砖的表面有平面、浮雕两种,又有无光与磨光、抛光之分。

玻化砖的主要规格有 300mm、400 mm、500mm、600 mm、800 mm 等正方形砖和部分长方形砖,厚度为8~10mm。色彩多为浅色的红、黄、蓝、灰、绿、棕等基色,纹理细腻,色彩柔和莹润,质朴高雅(图 5-17)。

玻化砖的吸水率小于 1%,抗折强度大于 27MPa,具有耐腐蚀、耐酸碱、耐冷热、抗冻等特性。广泛地用于各类建筑的地面及外墙装饰,是适用于各种位置的优质墙地砖。

3. 陶瓷麻面砖

麻面砖的表面酷似人工修凿过的天然岩石,它表面粗糙,纹理质朴自然,有白、黄等多种颜色。它的抗折强度大于20MPa,抗压强度大于250MPa,吸水率小于1%,防滑性能良好,坚硬耐磨。薄型砖适用于外墙饰面,厚型砖适用于广场、停车场、人行道等地面铺设。

麻面砖一般规格较小,有长方形和异形之分。异形麻面砖很多是广场砖,在铺设广场地面时,经常采用鱼鳞形铺砌或圆环形铺砌方法,如果加上不同色彩和花纹的搭配,铺砌的效果十分美观且富有韵律。

4. 陶瓷壁画、壁雕

陶瓷壁画、壁雕,是以凹凸的粗细线条、变幻的造型、丰富的色调,表现出浮雕式样的瓷砖。陶瓷壁雕砖可用于宾馆、会议厅等公共场合的墙壁,也可用于公园、广场、庭院等室外环境的墙壁。

同一样式的壁画、壁雕砖可批量生产,使用时与配套的平板墙面砖组合拼贴,在光线的照射下,形成浮雕图案效果。当然,使用前应根据整体的艺术设计,选用合适的壁雕砖和平板陶瓷砖,进行合理的拼装

图 5-18 陶瓷壁画装饰效果

图 5-19 金属釉面砖

图 5-20 仿古砖

图 5-21 仿古地砖装饰效果

和排列，来达到原有的艺术构思。壁画砖铺贴时需要按编号粘贴瓷砖，才能形成一幅完整的壁画，因此要求粘贴必须严密、均匀一致。每块壁画、壁雕在制作、运输、储存各个环节，均不得损坏，否则造成画面缺损，将很难补救（图 5-18）。

5. 金属釉面砖

金属釉面砖是运用金属釉料等特种原料烧制而成，是当今国内市场的领先产品。金属釉面砖具有光泽耐久、质地坚韧、网纹淳朴等优点，赋予墙面装饰动态的美，还具有良好的热稳定性、耐酸碱性、易于清洁和装饰效果好等性能 (图 5-19)。

金属光泽釉面砖是采用钛的化合物，以真空离子溅射法使釉面砖表面呈现金黄、银白、蓝、黑等多种色彩，光泽灿烂辉煌，给人以坚固豪华的感觉。这种砖耐腐蚀、抗风化能力强，耐久性好，适用于高级宾馆、饭店以及酒吧、咖啡厅等娱乐场所的墙面、柱面、门面的铺贴。

6. 仿古砖

仿古砖是从彩釉砖演化而来，实质上是上釉的瓷质砖。与普通的釉面砖相比，其差别主要表现在釉料的色彩上面，其坯体可以是瓷质的，也有炻瓷、细炻和炻质的，釉以亚光的为主，色调则以黄色、咖啡色、暗红色、土色、灰色、灰黑色等为主（图 5-20）。仿古砖蕴藏的文化、历史内涵和丰富的装饰手法使其倍受设计师的青睐。仿古砖的应用范围广泛并有墙地一体化的发展趋势，其创新设计和创新技术赋予仿古砖更高的市场价值和生命力。仿古砖属于普通瓷砖，与瓷片基本是相同的。唯一不同的是在烧制过程中，仿古砖技术含量要求相对较高，数千吨液压机压制后，再经千度高温烧结，使其强度高，具有极强的耐磨性，并不难清洁（图 5-21）。

图 5-22 质感十足的皮纹砖　　图 5-23　木纹砖铺贴效果　　　　　图 5-24　仿石纹砖地面铺贴效果

7．皮纹砖

皮纹砖是仿动物原生态皮纹的瓷砖。皮纹砖克服了瓷砖的坚硬、冰冷的材质局限，从视觉和触觉上可以体验到皮的质感。皮纹砖（图 5-22）属于瓷砖类的一种产品，瓷皮纹石有着皮革质感与肌理，有着皮革制品的缝线、收口、磨边，让喜好皮革的追慕者在建筑装饰中实现温馨、舒适、柔软的梦想。

皮纹砖将瓷砖皮革化，使瓷砖已经不仅仅是单纯的瓷砖，更是一种可以随意切割、组合、搭配的建筑装饰应用"皮料"，突破了瓷砖的固有概念，表面质感细腻逼真，色彩多变，纹理清晰，且具有很强的凹凸感，却不粗糙，质感有如真皮一样细腻。

8．木纹砖

木纹砖是一种表面呈现木纹装饰图案的高档陶瓷劈离砖的新产品，纹路逼真，自然朴实，没有木地板的褪色、不耐磨等缺点，是易保养的亚光釉面砖。它以线条明快、图案清晰为特色。木纹砖逼真度高，惟妙惟肖地仿造出木头的细微纹路；表面经防水处理，易于清洗，如有灰尘沾染，可直接用水擦拭；本身具有阻燃、不腐蚀的特点，是绿色、环保型建材（图 5-23）。

9．仿石纹砖

为了克服大理石、花岗岩等石材有色差的缺点，一种高硬度、低吸水率、高亮度的、花色与天然石材接近的抛光砖被广泛使用。这种仿石纹砖纹理天然，材质精美，几乎可以与天然石材媲美（图 5-24）。

仿大理石玻化砖多采用聚晶微粉技术、LED 超玉技术等制作，砖体更加温润如玉，造型花色更加丰富多变，再加上硬度更强，吸水率更低，耐磨防污性更强等，因此也被誉为玻化砖行业的"玉玲珑"。

10．黑瓷钒钛装饰板

黑瓷钒钛装饰板是以稀土矿物为原料研制成功的一种高档墙地饰面板材，是一种仿黑色花岗岩板材，具有比黑色花岗岩更黑、更硬、更亮的特点，其硬度、抗压强度、抗弯强度、吸水率均好于天然花岗岩，同时又弥补了天然花岗岩由于黑云母脱落造成的表面凹坑的缺憾。黑瓷钒钛装饰板规格有 400mm×400mm 和 500mm×500mm，厚度为 8mm，适用于宾馆饭店等大型建筑物的内、外墙面和地面装饰，也可用作台面、铭牌等。

5.2 常用陶瓷装饰材料的施工工艺

5.2.1 墙面瓷砖（室内）施工工艺

1．工艺流程

基层清扫处理—抹底子灰—选砖—浸泡—排砖—弹线—粘贴标准点—粘贴瓷砖—勾缝—擦缝—清理（图5-25）。

2．材料

（1）水泥：325 号普通硅酸盐水泥或矿渣酸盐水泥；

（2）白水泥：325 号白水泥；

（3）砂子：粗砂或中砂，用前过筛；

（4）瓷砖：表面平整、规格一致、边棱整齐；

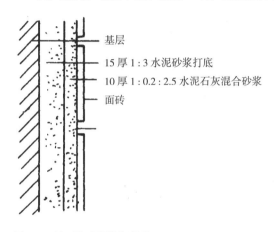

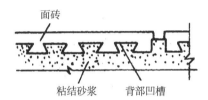

图 5-25 墙面瓷砖铺贴构造图

（5）石灰膏；

（6）生石灰粉；

（7）纸筋；

（8）聚乙烯醇缩甲醛和矿物颜料等。

3．施工规范

（1）对基层的处理，应全面清理墙面上的各类污物，基层为新墙时，待水泥砂浆七成干时，进行排砖、弹线。

（2）正式粘贴前应粘贴标准点。

（3）瓷砖粘贴前须泡水，施工时遇到管线、灯具开关、卫生间设备的支撑件等，须将整块瓷砖套割吻合。

（4）铺贴顺序：墙砖应从下向上铺贴，为美观起见，铺设墙体底层的砖应后贴，墙砖贴完后再贴地砖。因瓷砖自重较大，在铺贴整体墙面时建议一次不要铺贴至顶面，以防止墙砖塌落。

（5）养护：铺完砖 24 小时后，洒水养护，时间不应小于 7 天。

5.2.2 地面砖（室内）施工工艺

1. 工艺流程

基层处理—找标高、弹线—铺找平层—弹铺砖控制线—铺砖—勾缝、擦缝—养护—踢脚板安装（图5-26）。

2. 材料

同墙面瓷砖。

3. 瓷砖的铺贴方法

分为干铺法和湿铺法：

（1）干铺法：将水泥加砂子以1：2.5的体积比配比并洒水搅拌均匀，形成干湿状的干性水泥砂浆，找出铺设的基准点，在基准点的位置拉水平线进行铺设，找平层用大杠刮平，再用抹子拍实。在铺地砖之前，先在基层表面均匀抹素水泥浆一道或在地砖背面抹刮素水泥浆一层，以增加砂浆与地砖的黏结强度。铺设时用橡皮锤敲击地砖，使其与地面压实，并且高度和地面标高线吻合，铺贴4块或8块以上时应用水平尺检查平整度，对高的部分用橡皮锤敲平，低的部分应起出地砖用砂浆垫高做平。一般房间应先里后外沿控制线进行铺设，即先从远离门口的一边开始，按照试拼编号，依次铺设，逐步退至门口。

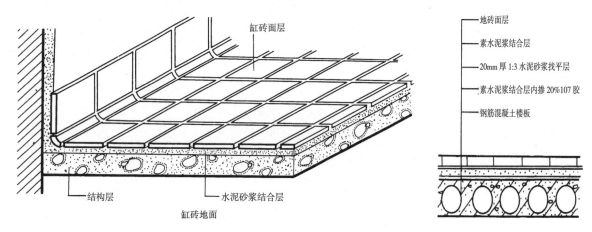

图 5-26 地面砖铺贴构造图

（2）湿铺法：将水泥和砂子以1：2.5的体积比配比并加清水搅拌均匀，形成湿状的水泥砂浆。铺设之前先沿墙面弹出地面标高线，然后在房间四周做灰饼。灰饼表面应比地面标高线低一块地砖的厚度。铺设地砖时边铺砂浆边铺地砖，用橡皮锤敲平拔缝，其铺设做法与干铺法相同，不同之处是水泥砂浆水灰稠度不同。从铺设效果来看，干铺法较湿铺法更加平整美观。

4. 瓷砖的排砖原则

（1）瓷砖铺设至门口时，应注意垂直方向中分，形成对称。

（2）如需要切割瓷砖铺设时也应尽量排在远离门口或大面积铺设区域，放在较隐蔽处。

（3）在铺贴走廊时，应尽量与走廊的砖缝对称，若无法对称可在门口用分色砖进行分隔。

（4）有地漏的房间应注意铺设基层的坡度、坡向。

（5）地砖的铺贴顺序应由内向外贴，如地面有坡度或有地漏，应注意按建筑室内排水方向找坡度铺设。

（6）严格按水平标高线对地面铺贴进行控制，对地砖进行预先挑选，减少高低差。

【案例点评】

西班牙建筑师安东尼奥·高迪的建筑风格之一是大量运用缤纷的西班牙瓷砖，让他的作品散发地域色彩。古埃尔公园就像上帝借高迪之手创造的一个奇迹，里面有石头垒成的童话，马赛克镶嵌的壁画，光影抒写

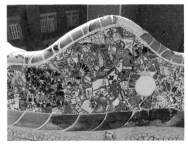

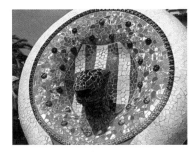

图 5-27　碎瓷装饰的座椅靠背　　　　图 5-28　马赛克镶嵌的大蜥蜴

的诗行。作为世界文化遗产，它不仅是巴塞罗那的骄傲，也是人类环境艺术的一个典范。

高迪曾说："艺术必须出自大自然，因为大自然已为人们创造出最独特美丽的造型。" 其作品常使用大量的陶瓷砖瓦和天然石料，以令人信服的建筑语汇，如建筑的门、窗、柱、廊、墙等，以及丰沛的想象力创造出独一无二的建筑。

古埃尔公园建于 1910—1914 年，公园的道路、出入口和大广场等公共部分由高迪设计建造。公园内随处可见自然主义手法的运用，如同童话王国。如入口正面的排柱和拱门，石头和彩色马赛克的装饰，特别是碎瓷拼贴法装饰的蛇形长椅、百柱大厅的天花板和主台阶上的彩色蜥蜴。色彩缤纷的瓷砖使公园流动的曲线动感强烈，每个细部都具有仿生学意义。在这里，高迪的艺术趣味和建筑风格得以淋漓尽致地发挥。他因地制宜，采用乡土的材料，将建筑雕塑、休闲广场、道路走廊、公共设施与大自然的环境融为一体，使其实用功能和审美功能相得益彰。

公园围墙也很有特色，围墙下部以普通碎石砌筑，上部向外出挑，以光滑的马赛克饰面，这样就可以阻止外人进入，使艺术与功能巧妙结合，围墙顶上每隔 8m 设一圆形装饰，彩色马赛克拼成西班牙语的"古埃尔公园"。由于公园的建筑

图 5-29　加泰罗尼亚小学外立面

材料几乎全部选用了廉价的地方材料，不仅经济合理而且充满了浓郁的乡土气息。中心广场的长椅，形似舞动的长龙，状如起伏的波浪，椅身和靠背采用多彩的碎瓷镶嵌而成。碎瓷装饰的座椅靠背，既舒适安逸，又亮丽悦目（图 5-27），公园里的彩色蜥蜴也是用马赛克镶嵌而成的（图 5-28）。

在近年来，还出现了很多有创意和运用新型材料的陶瓷外墙作品。西班牙加泰罗尼亚小学（图 5-29），其建筑外表皮和室内都运用了陶瓷材料，陶瓷材料是用 300mm×200 mm 和 200 mm ×100 mm，厚度在 22mm 的瓷砖垂直交接而成。瓷砖向两侧倾斜，从不同的角度可看见不同的色彩，面西可以看见"春天"，面东可以看见"秋天"。设计考虑不仅考虑了外观的艺术性，还考虑了材料的结构稳定性和耐久性，在瓷砖的纵横交接处有 6mm 的不锈钢管加强固定，且在框架间留了 7 条伸缩缝，还加强竖向支撑，并使用添加剂让材料具有足够的塑性以适应收缩率。这个建筑也因其出色的设计而获得奖项。

苏州建屋国际酒店位于苏州工业园区金鸡湖广场南区，目前分为 A、B 两栋（图 5-30 至图 5-36），A 栋为酒店大堂和西餐厅及客房，B 栋为酒店的餐饮娱乐场所。整个酒店室内设计按五星级标准进行设计。

在整个建筑中结合原建筑空间，并根据空间的相互关系和主次，处理了多个尺度相异的共享空间，通

图 5-30 苏州建屋国际酒店鸟瞰图

图 5-31 一层平面图

图 5-32 二层平面图

图 5-33 一层零点厅

图 5-34 一层的电梯厅

图 5-35 中庭空间

图 5-36 三层走廊

过与共享空间的联系来加强各楼层之间的对话和空间的流动，同时借鉴了中国传统民居院落及苏州园林的空间处理手法，以"起、承、转、合"为整个空间的谋篇布局和蓝本。为体现中国传统民居院落的精髓，在室内墙地面装饰材料上大量采用砂岩、青砖、仿古砖等质感古朴的装饰材料，将中式传统意蕴表现得淋漓尽致。

【课后练习】

学生以小组为单位进行陶瓷装饰材料应用案例的收集和汇报。结合收集的优秀案例，每个小组制作一份完整的 PPT 文件，并由一名组员代表讲解。老师和同学针对大家的汇报进行总结与点评。

【拓展阅读】

[1] 杨永善. 陶瓷造型艺术 [M]. 北京：高等教育出版社，2004.

[2] 郝卫国. 环境艺术设计概论 [M]. 北京：中国建筑工业出版社，2007.

[3] 张玉山. 环境陶艺设计 [M]. 长沙：湖南美术出版社，2010.

[4] 张玉山. 世界当代公共环境艺术 . 陶艺 [M]. 长沙：湖南美术出版社，2006.

学习目标

了解常用金属装饰材料的品种。

了解熟悉常见的金属装饰材料顶、墙地面的施工工艺。

重难点

轻钢龙骨隔墙及轻钢龙骨或铝合金龙骨吊顶、金属装饰板墙面及顶面施工。

训练要求

了解金属材料在装饰设计中的实际应用。

6.1 常用金属装饰材料

6.1.1 金属概述

金属是以矿石为原材料，经过开采及后期加工而具备专门的用途。

在现代建筑中，金属材料品种繁多，尤其是钢、铁、铝、铜及其合金材料，它们耐久、轻盈，易加工、表现力强，这些特质是其他材料所无法比拟的。金属材料还具有精美、高雅、高科技并成为一种新型的所谓"机器美学"的象征。因此，在现代建筑装饰中，被广泛地采用，如柱子外包不锈钢板或铜板，墙面和顶棚镶贴铝合金板，楼梯扶手采用不锈钢管或铜管，隔墙、幕墙用不锈钢板等。

1．金属分类

金属材料通常分为黑色金属和有色金属两大类。黑色金属的基本成分为铁及其合金，如钢和铁；有色金属是除铁以外的其他金属及其合金的总称，如铝、铜、铅、锌、锡等及其合金。

合金是指由两种以上的金属元素，或者金属与非金属元素所组成的凡有金属性质的物质。钢是铁和碳所组成的合金，黄铜是铜和锌组成的合金。

2．金属特点

当暴露在室外时，大多数天然金属都需保护以防损坏，不同的金属有不同的性质和用途。

铁硬而脆，必须浇铸成形。钢坚硬而又在受热时富有韧性，由于它具有较强的抗拉力而被做成结构所需的形式来使用。铝很轻，被用作较小的结构性框架、幕墙、窗框、门、防雨板和许多种类的五金件。铜合金是极良好的导电体，但最常用于屋面、防雨板、五金件和管道用具。当外露在空气里时，铜会氧化，并会生成一层"铜绿"，从而阻止进一步锈蚀。黄铜和青铜则是更优良的可塑性合金，因而常被用做装饰五金件。

6.1.2　金属为主的重点建筑介绍

金属材料在建筑上的应用，从古到今，应用颇为广泛。以各种金属作为建筑装饰材料，有着源远流长的历史。北京颐和园中的铜亭，山东泰山顶上的铜殿，云南昆明的金殿，西藏布达拉宫金碧辉煌的装饰等，极大地赋予了古建筑独特的艺术魅力（图6-1至图6-3）。在现代建筑中，金属材料更是以它独特的性能——耐腐、轻盈、高雅、光辉、质地、力度，赢得了建筑师的青睐。从高层建筑的金属铝门窗到围、栅栏、阳台、入口、柱面等，金属材料无所不在，金属材料从点缀

图6-1 颐和园中的铜亭

图6-2 西藏布达拉宫

图6-3 山东泰山顶上的铜殿

并延伸到赋予建筑奇特的效果。如果说，世界著名的建筑埃菲尔铁塔是以它的结构特征，创造了举世无双的奇迹，那么法国蓬皮杜文化中心则是金属的技术与艺术有机结合的典范（图6-4），创造了现代建筑史上独具一格的艺术佳作。难怪，日本黑川纪章把金属材料用于现代建筑装饰上，看作是一种技术美学的新潮。金属作为一种广泛应用的装饰材料具有永久的生命力。

图6-4 法国蓬皮杜文化中心

6.1.3 常用的金属材料

金属装饰材料有各种金属及合金制品，如铜和铜合金制品、铝和铝合金制品、锌和锌合金制品等，但应用最多的还是铝与铝合金以及钢材及其复合制品。

1．钢材及其制品

钢材是含有铁和碳的有可延展性的合金，根据含碳量进行熔化并精炼而成。

由于钢材本身耐火性能差，高温下会失去承载力后发生变形，传统中把钢铁作为建筑的结构材料时，往往表面包裹上一层厚厚的防火材料。但随着建筑审美意识的演变，逐渐将结构表现作为了建筑美学的一个新的分支。当代建筑师利用钢结构构件在建筑设计中创造出了新的风格，例如建筑师拉菲尔·维诺里和结构工程师渡边邦夫设计的东京国际会议中心，整幢建筑中最具代表性的空间——梭形玻璃大厅，就是采用的钢结构和玻璃材料创造出来的（图6-5）。玻璃大厅内部像一个巨大通透的船体空间，给人以强烈的视觉冲击力和艺术感染力。

图6-5 东京国际会议中心大厅

在普通钢材基体中添加多种元素或在基体表面上进行艺术处理，可使普通钢材仍不失为一种金属感强、美观大方的装饰材料。

常用的装饰钢材有不锈钢及制品、彩色涂层钢板、塑料复合镀锌钢板、建筑压型钢板、轻钢龙骨等。

（1）不锈钢

在装修工程中，不锈钢材的应用越来越广泛，不锈钢是不易生锈的钢，有含13%铬（Cr）的13不锈钢，有含18%铬、8%镍（Ni）的18-8不锈钢等，其耐腐蚀性强，表面光洁度高，为现代装修材料中的重要材料之一。但不锈钢并非绝对不生锈，保养工作也十分重要。

图6-6 不锈钢饰面处理

不锈钢饰面处理有以下几种：光面板；雾面板；丝面板；腐蚀雕刻板；凹凸板；半珠形板（图6-6）。

①彩色不锈钢装饰制品

彩色不锈钢板是在不锈钢板上进行着色处理，使其成为蓝、灰、紫、红、绿、金黄、橙等各种绚丽多彩的不锈钢板。色泽随光照角度改变而产生变幻的色调。耐高温，不脱色，耐盐雾腐蚀性能超过一般不锈钢，耐磨和耐刻画性能相当于箔层镀金的性能（图6-7）。

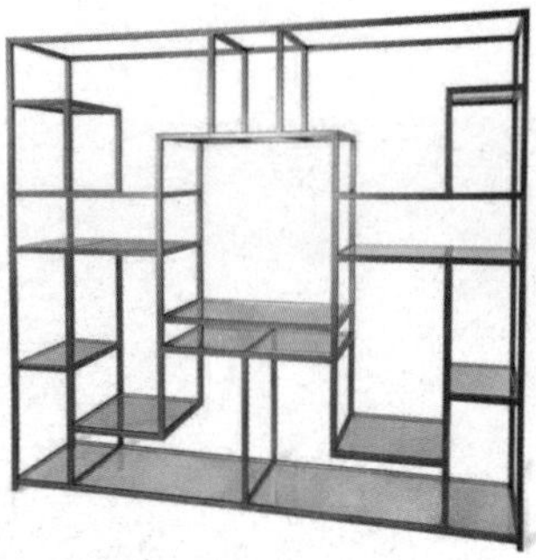

②不锈钢装饰制品

不锈钢装饰制品除板材外，还有管材、型材，如各种弯头规格的不锈钢楼梯扶手，以它轻巧、精制、线条流畅展示了优美的空间造型，使周围环境得到了升华。拉手、五金与晶莹剔透的玻璃，使建筑达到了尽善尽美的境地。

图6-7 彩色不锈钢装饰制品

不锈钢龙骨是近几年才开始应用的，其刚度高于铝合金龙骨，因而具有更强的抗风压性和安全性，并且光洁、明亮，因而主要用于高层建筑的玻璃幕墙中（图6-8）。

③中分式微波自动门

中分式微波自动门的传感系统是采用国际流行的微波感应方式，当人或其他活动目标进入传感器的感应范围时，门自动开启，离开感应范围后，门自动关闭，如果在感应范围内静止不动3s以上，门扇将自动关闭。其特点是门运行时有快、慢两种速度自动变换，使起动、运行、停止等动作达到最佳协调状态。同时，可确保门扇之间的柔性合缝，即使门意外地夹人或门体被异物卡阻时，

图6-8 法国卢浮宫的不锈钢旋转楼梯

自控电源具有自动停机功能（图 6-9）。

④感应式微波旋转不锈钢自动门

感应式微波旋转不锈钢自动门是一种由固定扇、活动扇和圆顶组成的较大型门，外观华丽、造型别致、密封性好，适用于高级宾馆、俱乐部、银行等建筑。只限于人员出入，而不适用于货物通过（图 6-10）。

不锈钢微波自动门不仅起着出入口的作用，其造型、功能、选材都对建筑物的整体效果产生着极大的影响。主要适用于机场、计算机房、高级净化车间、医院手术室以及大厦门厅等处。

使用建筑装饰用不锈钢板，应注意掌握以下几个方面原则：

表面处理决定装饰效果，由此可根据使用部位的特点去追求镜面效果或亚光风格，还可设计加工成深浅浮雕花纹等；

根据所处环境，确定受污染与腐蚀程度，选择不同品种的不锈钢；

图 6-9 中分式微波自动门

图 6-10 感应式微波旋转不锈钢自动门

不同类型、厚度及表面处理都会影响工程造价。为此，在保证使用前提下，应十分注意选择不锈钢板的厚度、类型及表面处理形式。

（2）压型钢板

使用冷轧板、镀锌板、彩色涂层板等不同类别的薄钢板，经辊压、冷弯而成，其截面呈 V 形、U 形、梯形或类似这几种形状的波形，称之为建筑用压型钢板（简称型板）。

压型钢板具有质量轻（板厚 0.5~1.2mm）、波纹平直坚挺、色彩鲜艳丰富、造型美观大方、耐久性强（涂敷耐腐涂层）、抗震性高、加工简单、施工方便等特点，广泛用于工业与民用建筑及公共建筑的内外墙面、屋面、吊顶等的装饰以及轻质夹芯板材的面板等（图 6-11）。

（3）塑料复合镀锌钢板

塑料复合板是在钢板上覆以 0.2~0.4mm 半硬质聚氯乙烯塑料薄膜而成。它具有绝缘性好、耐磨损、耐冲击、耐潮湿的特点以及良好的延

图 6-11 压型钢板

展性与加工性，可弯曲成 180°。塑料层不脱离钢板，既改变了普通钢板的乌黑面貌，又可在其上绘制图案和艺术条纹，如布纹、木纹、皮革纹、大理石纹等，该复

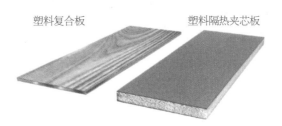

塑料复合板　　　塑料隔热夹芯板

图 6-12 塑料复合镀锌钢板

图6-13 彩色涂层钢板门

合板可用作地板、门板、天花板等（图6-12）。

复合隔热夹芯板是采用镀锌钢板作面层，表面涂以硅酮和聚酯，中间填充聚苯乙烯泡沫或聚氨酯泡沫制成的。质轻、绝热性强、抗冲击、装饰性好。适用于厂房、冷房、大型体育设施的屋面及墙体。

（4）彩色涂层钢板门窗

彩色涂层钢板门窗，也称涂色镀锌钢板门窗。它是一种新型金属门窗，具有质量轻、强度高、采光面积大、防尘、隔声、保温密封性能好、造型美观、色彩绚丽、耐腐蚀等特点。因此，可以代替铝合金门窗用于高级建筑物的装修工程。

涂色镀锌钢板门窗也分有平开式、推拉式、固定式、立悬式、中悬式、单扇及双扇弹簧门等。可配用各种平板玻璃、中空玻璃，颜色有红、乳白、棕、蓝等（图6-13）。

（5）轻钢龙骨

所谓龙骨是指罩面板装饰中的骨架材料。罩面板装饰包括室内隔墙、隔断、吊顶。与抹灰类和贴面类装饰相比，罩面板大大减少了装饰工程中的湿作业工程量。

以冷轧钢板（带）、镀锌钢板（带）或彩色喷塑钢板（带）作为原料，采用冷弯工艺生产的薄壁型钢称为轻钢龙骨。按断面分，有U形龙骨、C形龙骨、T形龙骨及L形龙骨（也称角铝条）。按用途分，有

图6-14 轻钢龙骨吊顶、隔墙

墙体（隔断）龙骨（代号Q）、吊顶龙骨（代号D）；按结构分，吊顶龙骨有承载龙骨，覆面龙骨。墙体龙骨有竖龙骨、横龙骨和通贯龙骨。

轻钢龙骨防火性能好，刚度大，通用性强，可装配化施工，适应多种板材的安装。多用于防火要求高的室内装饰和隔断面积大的室内墙（图6-14）。

（6）铸铁

铸铁是铁合金，它被倒入型砂模，而后又被机器加工成需要的形状。

在铁被用来当作建筑材料之前，它已被加工成各种工具和武器。铸铁和锻铁构成了装饰性要素。维多利亚时期建筑对铁适于装饰的可变性质以及适于早期高层建筑的结构都进行过探索。到了新艺术运动时，铸铁不但被用作建筑物装饰性的细部，而且让它发挥工艺美术的作用。

装饰铸铁被用于格栅、大门、终端装饰、五金件和无数的其他建筑附件。其他的装饰性金属，如青铜、黄铜、紫铜、铝和不锈钢，并不应用于主要构造部分，它们被更换充做内镶嵌材料。上述材料包括铜板、铝板、不锈钢和上釉金属合金板（图6-15）。

2. 铝材及其制品

铝属于有色金属中的轻金属，银白色，比重为2.7，熔点为660℃，铝的导电性能良好，化学性质活泼，耐腐蚀性强，便于铸造加工，可染色。极有韧性，无磁性，有很好的传导性，对热和光反射良好，并且有

防氧化作用。在铝中加入镁、铜、锰、锌、硅等元素组成铝合金后，其化学性质发生了变化，机械性能明显提高。

铝合金可制成平板、波形板或压型板，也可压延成各种断面的型材。表面光平，光泽中等，耐腐蚀性强，经阳极化处理后更耐久。广泛运用于墙体和屋顶上。有各种断面形状的挤压成形的铝材，主要用于格栅状物、窗户和门框。这种材料的表面常镀上"阳极氧化层"，这是一种坚固无孔的表面氧化膜，可以防止铝材损坏。在许多不同的装饰中，这样的覆盖层常用得上。

图6-15 铸铁扶手

（1）铝锰合金（Al-Mn合金）

LF（防锈铝）为该合金的典型代表。其突出的性能是塑性好、耐腐蚀、焊接性优异。加锰后有一定的固溶强化作用。但高温强度较低。适用于受力不大的门窗、罩壳、民用五金、化工设备中。现代建筑中铝板幕墙采用的是该合金（图6-16）。

（2）铝镁合金（Al-Mg合金）

该合金的性能特点是抗蚀性好，疲劳强度高，低温性能良好，即随温度降低，抗拉强度、屈服强度、伸长率均有所提高，虽热处理不可强化，但冷作硬化后具有较高强度。常将其制

图6-16 中国香港国际机场铝合金幕墙

作成各种波形的板材，它具有质轻、耐腐、美观、耐久等特点。适用于建筑物的外墙和屋面，也可用于工业与民用建筑的非承重外挂板（图6-17）。

（3）铝及铝合金的应用

铝合金以它所特有的力学性能广泛应用于建筑结构，如美国用铝合金建造跨度为66m的飞机机库，大大降低结构物的自重。日本建造了硕大无比的铝合金异形屋顶，轻盈新颖。我国山西太原34m悬臂钢结构的屋面与吊顶采用了铝合金，另加保温层等，都充分显示了铝合金良好的性能。

除此之外，铝合金更以它独特的装饰性领先于建筑装饰材料领域，如日本高层建筑98%采用了铝合金门窗。我国南极长城

图6-17 西班牙毕尔巴鄂古根海姆博物馆

站的外墙采用了轻质板，其他的外层为彩色铝合金板，内层为阻燃聚苯乙烯、矿棉材料等，具有轻质、高强、美观大方、施工简便、隔热、隔声等特点。近几年，各种铝合金装饰板应运而生，在建筑装饰中大显风采，铝板幕墙作为新型外墙围护材料，极大地表现了现代建筑

图 6-18 铝合金窗

的光洁与明快。

（4）装饰铝及铝合金制品

①铝合金门窗

铝合金门窗在建筑上的使用，已有 30 余年的历史。尽管其造价较高，但由于长期维修费用低，且造型、色彩、玻璃镶嵌、密封材料和耐久性等均比钢、木门窗有着明显的优势，所以在世界范围内得到了广泛应用。

表面处理后的型材，经下料、打孔、铣槽、攻丝、组装等工艺，即可制成门窗框料构件，再与连接件、密封件、开闭五金件一起组合装配成门窗。

铝合金门窗按结构与开闭方式可分为推拉窗（门）、平开窗（门）、固定窗（门）、悬挂窗、回转窗、百叶窗，铝合金门还分有地弹簧门、自动门、旋转门、卷闸门等。

铝合金门窗能承受较大的挤推力和风压力，其用材省、质地轻，每平方米门窗 8~12kg。

铝合金门窗采用了高级密封材料，因而具有良好的气密性、水密性和隔声性。其密封性高，空气渗透小，因而保温性较好，铝合金门窗的表面光洁，具有银白、古铜、黄金、暗灰、黑等颜色，质感好，装饰性好，并且不锈蚀，不褪色，使用寿命长（图 6-18）。

铝合金门窗主要用于各类建筑物内外，它不仅加强了建筑物立面造型，更使建筑物富有层次。当它与大面积玻璃配合时，更能突出建筑物的新颖性，同时起到了节能降耗、保证室内功能的作用。因此，铝合金门窗广泛用于高层建筑或高档次建筑中。近年来，普通民用住宅中也较普遍地应用这类门窗。

②渗铝空腹钢窗

渗铝空腹钢窗是我国 20 世纪 80 年代末期所开发的一种装饰效果与铝合金窗相差无几的一种新型门窗。有人认为，应属铝合金门窗的一个新品种。因为它具有耐蚀性好（在型材表面形成了一定厚度的渗铝层）、装饰性好（可对渗铝层进行阳极氧化着色处理）、外形美观（采用组角工艺代替焊接工艺，线条挺拔，窗面平整）、价格低廉的特点，是一种适于我国经济水平的，中档次、升档换代产品。

由于渗铝空腹钢窗采用的是普通空腹钢窗用型材，且沿用了其结构，因此有安装技术问题时参照普通钢窗安装来处理，施工较为简便。

图 6-19 铝合金门

③铝合金门

铝合金地弹簧门、折叠铝合金门、旋转铝合金门等，广泛应用在大型公共建筑门厅、入口等处。铝合金地弹簧门承载能力大，启闭轻便，维护简便，经久耐用，适用于人流不定的入口。折叠铝合金门是一种多门扇组合的上吊挂下导向的较大型门，适用于礼堂、餐厅、会堂等门洞口宽而又不须频繁启闭的建筑，也可作为大厅的活动隔断，以使大厅功能更趋完备（图 6-19）。

④铝合金百叶窗帘

窗帘在室内装饰方面也发挥着独特的功效，是室内设计者体现整体装饰效应和美感的材料之一。窗帘的种类很多，其中铝合金百叶窗帘以启闭灵活、质量轻巧、使用方便、经久不锈、造型美观、可以调整角度来满足室内光线明暗、通风量大小的要求，也可作遮阳或遮挡视线之用而受到用户的青睐。

铝合金百叶窗帘是铝镁合金制成的百叶片，通过梯形尼龙绳串联而成。拉动尼龙绳可将叶片翻转180°，达到调节通风量、光线明暗等作用。应用于宾馆、工厂、医院、学校和住宅建筑的遮阳和室内装潢设施（图6-20）。

⑤铝质浅花纹板

图6-20 铝合金百叶窗帘

以冷作硬化后的铝材作为基质，表面加以浅花纹处理后得到的装饰板称为铝质浅花纹板。它具有花纹精巧别致、色泽美观大方的特点。除具有普通铝板的优点外，刚度相对提高20%，抗污垢、抗划伤、抗擦伤能力均有提高。对白光的反射比为75%~90%，热反射比为85%~95%，作为外墙装饰板材，不但增加了立体图案和美丽的色彩，使建筑物生辉，而且发挥了材料的化学性质。

⑥铝合金扣板

将纯铝或防锈铝在波纹机上轧制形成的铝及铝合金波纹板和在压型机上压制形成的铝及铝合金型板是目前世界上被广泛应用的新型建筑装饰材料。它具有质量轻、外形美观、耐久、耐腐蚀、安装容易、施工进度快等优点，尤其是通过表面着色处理可得到各种色彩的波纹板和压型板。

铝合金扣板与传统的吊顶材料相比，质感和装饰感方面更优。铝合金扣板分为吸音板和装饰板两种，吸音板孔型有圆孔、方孔、咬方孔、三角孔、大小组合孔等，底板大都是白色或铝色；装饰板特别注重装饰性，线条简洁流畅，有古铜、黄金、红、蓝、奶白等颜色可以选择。有长方形、方形等，长方形板的最大规格适用于一般居室的宽度约5m，较大居室的装饰选用长条形板材整体感更强，较小房间的装饰一般可选用500mm x 500mm 的。由于金属板的绝热性能较差，为了获得一定的吸音、绝热功能，在选择金属板进行吊顶装饰时，可以利用内加玻璃棉、岩棉等保温吸音材质的办法达到绝热吸音的效果。主要用于天花、墙面和屋面的装修（图6-21）。

图6-21 铝合金扣板

⑦铝塑板

铝塑板由三层组成，表层与底层由2~5mm 厚铝合金构成，中层由合成塑料构成，表层喷涂氟碳涂料或聚酯涂料。规格为 1220mm×2440mm，耐候性强，外墙保证10 年的装饰效果。耐酸碱、耐摩擦、耐清洗，典雅华贵、色彩丰富、规格齐全，成本低、自重轻、防水、防火、防蛀虫，表面的花色图案变化也非常多，且耐污染、好清洗，有隔音、隔热的良好性能，使用更为安全，弯折造型方便，效

图6-22 铝塑板

果佳。适合用于大型建筑外墙玻璃幕组合装饰，室内墙体、商场门面的装修，大型广告、标语以及车站、机场等公共场所的装修，是室内外理想的装饰板材（图6-22）。

图6-23 铝合金龙骨

⑧铝合金龙骨

铝合金龙骨多为铝合金挤压而成，质轻、不锈、不蚀、美观、防火、安装方便，特别适用于室内吊顶装饰。从饰面板的固定方法上分类，将饰面板明摆浮搁在龙骨上，往往是与铝合金龙骨配套使用，这样使外露的龙骨更能显示铝合金特有的色调，既美观又大方。铝合金龙骨除用于室内吊顶装饰外，还广泛用于广告栏、橱窗及建筑隔断等。目前在建筑装饰中采用的另一种形式新颖的吊顶为敞开式吊顶，常用的是铝合金格栅单体构件（图6-23）。

⑨铝合金花格网

铝合金花格网是由铝合金挤压型材拉制及表面处理等而成的花格网。该花格网有银色、古铜、金黄、黑等颜色，并且外形美观、质轻、机械强度大、式样规格多、不积污、不生锈、防酸碱腐蚀性好。用于公寓大厦平窗、凸窗、花架、屋内外设置、球场防护网、栏杆、遮阳、护沟和学校等围墙安全防护、防盗设施与装饰（图6-24）。

图6-24 铝合金花格网

⑩铝合金空间构架

铝合金空间构架由杆件互相连接成三角形而构成，用来围护某空间，不同于所有杆件在同一平面上的框架（图6-25）。

⑪铝箔

铝箔是用纯铝或铝合金加工成6.3~200μm的薄片制品。按铝箔的形状分为卷状铝箔和片状铝箔。按铝箔的状态和材质分为硬质箔、半硬质箔和软质箔。按铝箔的表面状态分为单面光铝箔和双面光铝箔。按铝箔的加工状态分为素箔、压花箔、复合箔、涂层箔、上色箔、印刷箔等。

图6-25 铝合金空间架构

厚度为0.025mm以下时尽管有针孔存在，但仍比没有针孔的塑料薄膜防潮性好。铝是一种温度辐射性能极差而对太阳光反射力很强（反射比87%~97%）的金属。在热工设计时常把铝箔视为良好的绝热材料。铝箔以全新的多功能保温隔热材料、防潮材料和装饰材料广泛用于建筑工程。

图6-26 铝箔

建筑上应用较多的卷材是铝箔牛皮纸和铝箔布，它是将牛皮纸和玻璃纤维布作为依托层用黏合剂粘贴铝箔而成的。前者用在空气间层中作绝热材料，后者多用于寒冷地区作保温窗帘，炎热地区作隔热窗帘。另外将铝箔复合成板材或卷材，常用于室内或者设备内表面上，如铝箔泡沫塑料板、铝箔石棉夹心板等，若选择适当色调和图案，可同时起到很好的装饰作用。若在铝箔波形板上打上微孔，则还具有很好的吸声作用（图6-26）。

3．装饰铜及铜合金制品

铜是我国历史上使用最早、用途较广的一种有色金属。人们早期用它来制铜镜、铜针、铜壶和兵器等。铜材长时间暴露可产生绿锈，故应注意保养，特别是在公共场所应有专门工作人员定期擦拭，也可面覆保护膜，或做成可活动组合拆卸的，方便日后重新再做表面处理。在装修工程中常用的铜材种类有以下几种。

①纯铜：性软、表面光滑、光泽中等，可产生绿锈。

②黄铜：是铜与亚铝合金，耐腐蚀性好。

③青铜：铜锡合金。

④白铜：含9%~11%镍。

⑤红铜：铜与金的合金。

图6-27　铜栏杆

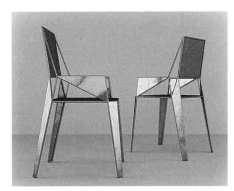

图6-28　铜合金制品

在现代建筑装饰中，铜材仍是一种集古朴和华贵于一身的高级装饰材料，可用于宾馆、饭店、机关等建筑中的楼梯扶手、栏杆和防滑条。除此之外，还可用于外墙板、把手、门锁、纱窗。在卫生器具、五金配件方面，铜材也有着广泛的用途（图6-27）。

铜合金经挤制或压制可形成不同横断面形状的型材，有空心型材和实心型材。

铜合金型材也具有铝合金型材类似的优点，可用于门窗的制作，尤其是以铜合金型材做骨架，以吸热玻璃、热反射玻璃、中空玻璃等为立面形成的玻璃幕墙，一改传统外墙的单一面貌，使建筑物乃至城市生辉。

另外，铜合金装饰制品的另一个特点是具有金色感，常替代稀有的价值昂贵的黄金在建筑装饰中作点缀（图6-28）。

铜和锌的合金叫黄铜。普通黄铜呈金黄色或黄色，色泽随含锌的增加而逐渐变淡。黄铜不易生锈腐蚀，延展性较好，易于加工成各种建筑五金、装饰制品、水暖器材。黄铜粉俗称"金粉"，常用于调制装饰涂料，代替"贴金"。

6.2　常用装饰金属的施工工艺

6.2.1 金属板墙面施工工艺

安装构造（图6-29）：

①在墙体中打膨胀螺栓（混凝土构件中预埋铁件）；

②固定型钢连接板；

③固定金属骨架（型钢、铝管等）；

④固定金属薄板；

⑤缝隙处理。

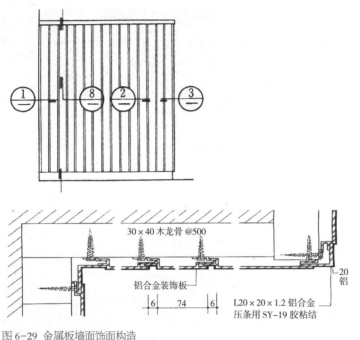

图 6-29 金属板墙面饰面构造

板缝处理：①密封胶填缝；②压条盖缝。

薄板表面可做成平形、波形、卷边或凹凸条纹，铝板网可做吸声墙面。

6.2.2 金属板吊顶施工工艺

金属饰面板吊顶采用L形、T形金属龙骨、条板卡式龙骨作为骨架。如要承受较大荷载的吊顶，一般采用轻钢龙骨做主龙骨，并与L形、T形金属龙骨或金属嵌入式龙骨、条板卡式龙骨相配合，形成双层龙骨形式的吊顶（图6-30、图6-31）。

金属饰面板吊顶构造简单，安装方便，被广泛应用于大厅、会议室、卫生间等部位的吊顶装修。

金属板有打孔和不打孔的条形、方形等型材。其特点是轻质、耐久、防火、防潮，色泽美观大方，具有独特的金属质感。

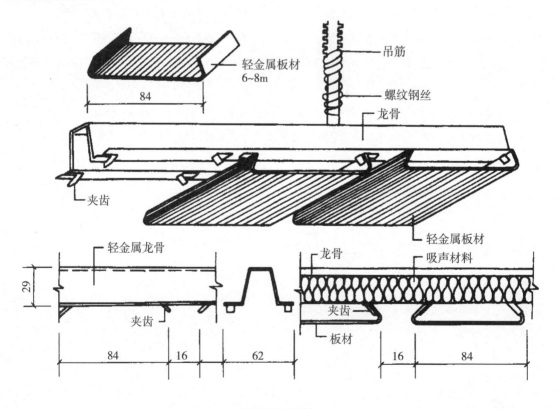

轻金属条板吊顶

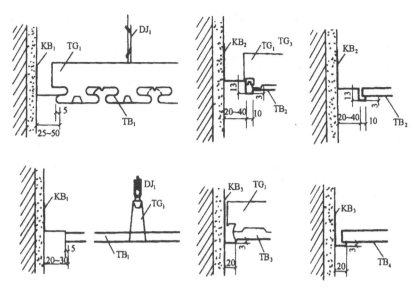

金属条板顶棚端部节点大样图

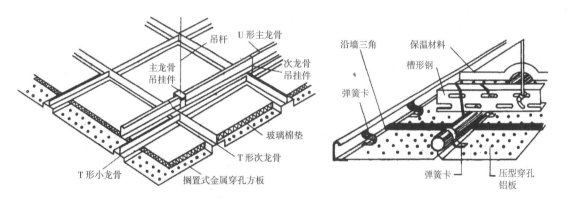

摁置式金属方板顶棚构造　　　　　　卡入式金属方板顶棚构造

图6-30　金属板吊顶构造

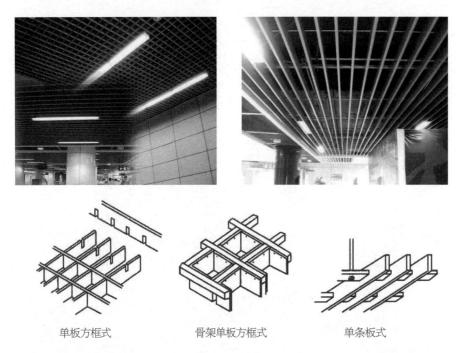

单板方框式　　　　　骨架单板方框式　　　　单条板式

图 6-31　金属板吊顶构造

6.2.3 铝（复合）板幕墙施工工艺

金属板幕墙的金属板既是建筑物的围护构件，也是墙体的装饰面层。多用于建筑物的外墙、入口处、柱面等部位（图 6-32、图 6-33）。

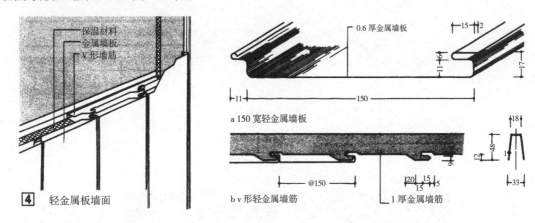

图 6-32　铝板幕墙施工构造

金属板幕墙按材料可分为单一材料和复合材料板两种。

用于幕墙的金属板有铝合金、不锈钢、彩色钢板、铜板、铝塑复合板等薄板。

金属幕墙按板面形状分为光面平板、纹面平板、压型板、波纹板、立体盒板等。

【案例点评】

金属材料的技术变幻色通常与光技术的发展结伴而行，灯光照明技术的发展和新型透光材料的运用使得建筑师可以更加主动地把握建筑的色彩，营造出仅依靠材料本身所不能实现的建筑变幻色，从而赋予建筑独特而神秘的魅力。保罗·安德鲁（Paul Andreu）在我国国家大剧院的设计中就充分利用材料的环境协调色和技术变幻色，以透明的玻璃和富有银色光泽的钛钢复合面板围饰建筑标志性的半椭球的"壳"，打造出百变的建筑表皮。其实，表皮本身的色彩是简洁、高雅、沉稳的，最终却展现出极为复杂多样的表皮映像。一方面具有柔和银色光泽的钛钢复合板因几何化精准的体量而各具不同的空间维度，因而对光线变得异常敏感——建筑的光影几乎随着太阳的升降时刻都发生着微妙的变化。即使在同一时间、相同的光线下，建筑表皮也会呈

图 6-33 铝板幕墙建筑

现出不同明暗渐变的色彩关系。其次，天空、水体、绿化等环境要素的渲染也为这层壳蒙上多彩渐变的纱衣（图

6-34）。另一方面，发达的建筑照明技术为夜晚的"巨蛋"蒙上梦幻般的水晶外衣。无形的灯光将建筑打造成高贵的天蓝色、梦幻的宝蓝色、华丽的暖黄色、暧昧的紫红色……丰富的技术变幻色赋予建筑各种不同的面貌，它既可以是沉稳的、安静的、低调的，也可以是神秘的、活泼的、张扬的……（图 6-35）

图 6-34 国家大剧院在不同时间段呈现出的不同效果

图 6-35 国家大剧院在不同灯光下呈现出的不同效果

金属与玻璃是一对相当默契的老搭档，它们合作所带来的光亮、新颖、

现代的表皮形象得到广大建筑师及大众的认可，成为至今还风靡全球的一种表现形式，标示了现代建筑表皮的发展方向。

金属与玻璃都是现代化工业生产下的建筑材料，都具有独特的现代科技感、机械感和抽象的艺术感，高度精致细腻及其多样的表面和特殊的光泽成为二者共有的外形特点。充分利用玻璃与金属之间暗与明、虚与实的质感对比，通过合理的组合建构，形成建筑表皮有机穿插组合的虚实对比，在自然光与人工光的双重塑造下，可以打造出日夜交错互换的建筑表皮。奥地利格拉茨的金房子（Golden Nugget）的沿街立面的表皮设计中就充分地利用金属的方形金属板与透明的玻璃结合凹凸、穿插的建筑体量有机地构件形成标志性的建筑形象（图 6-36）。建筑表皮中金属与玻璃虚实交替的建筑表皮塑造出建筑灵活随性的内在性格，将这个小型建筑打造成一座乖张又活泼的艺术品。这片无色、虚空的玻璃以"底"的形式衬托着金属板表皮的"图"，视觉上形成强烈的虚实对比。

金属骨架与玻璃幕墙的组合是目前最为常见也是应用最为广泛的一种金属与玻璃协同建构的表皮形式。这种建筑表皮以轻质、高强、耐压、耐拉、耐剪且截面精巧的金属构建形成表皮整体的结构骨架，为玻璃的面层提供稳定的支撑；而高度透光的玻璃则理所应当地成为表皮中饰面的覆层。如何在

图 6-36 奥地利格拉茨的金房子

图 6-37 德国联邦议会大厦标志性的玻璃穹顶

满足功能稳定性需求的基础上实现形式美的最佳表达，成为众多建筑师纷纷探索研究的重点课题。金属骨架加玻璃幕墙的组合手法常常带来纯净、光亮、通透的表皮效果，在看似简洁的玻璃表层下，金属低调地展示着建构的理性逻辑及高度精准的机械美。这种形式的金属与玻璃有着多样的组合形式，在设计师独特的理解与建构下，为我们带来各种不同的视觉享受。德国联邦议会大厦标志性的玻璃穹顶就堪称玻璃和金属这对好搭档的完美演绎（图 6-37）。

【课后练习】

学生以小组为单位对金属装饰材料实际应用案例进行收集。结合收集的优秀案例，每个小组制作一份完整的 PPT 文件，并由一名组员代表讲解。老师和同学针对大家的汇报进行总结与点评。

【拓展阅读】

[1] 乌格斯·维尔坎. 建筑中铝的构造与细部 [M]. 齐勇，苏怡，译. 北京：中国建筑工业出版社，2009.

[2] 伯克哈德·弗罗利奇，森贾·舒莱恩堡. 金属建筑设计与施工 [M]. 付晓渝，李琳，译. 北京：中国电力出版社，2006.

[3] 理查德·韦斯顿. 材料、形式和建筑 [M]. 范肃宁，陈佳良，译. 北京：中国水利水电出版社，2006.

第 7 章　石膏制品装饰材料及其施工工艺

学习目标

了解掌握常用石膏制品材料的种类，熟悉石膏制品在装饰工程中墙面和顶面的施工工艺。

重难点

装饰石膏制品在墙面及顶面的施工工艺。

训练要求

掌握常用石膏制品材料在装饰工程设计中的实际应用。

7.1　常用石膏装饰材料

石膏及其制品作为建筑材料已有悠久的历史，随着科学技术的发展和人们对室内装饰要求的提高，石膏这种古老的胶结材料，不断推出新的品种，以满足轻质、吸声、防火、装饰等方面的要求。集绿色环保、防火防潮、可塑性和艺术性于一身的石膏装饰制品备受人们的欢迎，成为宾馆酒店及家庭装饰流行的"绿色"材料（图7-1）。

石膏制品是以建筑石膏为主要原料制成的一种材料。它是一种重量轻、强度较高、厚度较薄、加工方便、隔音绝热和防火等性能较好的建筑材料，是当前着重发展的新型轻质板材之一。石膏板已广泛用于住宅、办公楼、商店、旅馆和工业厂房等各种建筑物的内隔墙、墙体覆面板（代替墙面抹灰层）、天花板、吸音板、地面基层板和各种装饰板等。

图7-1 石膏制品在家庭装饰中的运用

本章主要介绍常用石膏制品材料的种类和施工工艺以及石膏装饰制品在实际中的应用。

7.1.1 石膏概述

建筑装饰工程用石膏主要为建筑石膏、模型石膏、高强石膏、粉刷石膏等。均属于硬性胶凝材料。

1. 建筑石膏

建筑石膏原料主要为含硫酸钙的天然石膏或含硫酸钙的化工副产品和废渣，其化学式为 $CaSO_4 \cdot 2H_2O$，即二水石膏。石膏胶凝材料的生产，通常是将原料（二水石膏）在不同压力和温度下煅烧、脱水，再经磨细而成的。

建筑石膏的特性主要体现在以下几个方面：

(1) 凝结硬化快、强度较低；

(2) 体积微膨胀；

(3) 孔隙率大，表观密度小，保温、吸声性较好；

(4) 具有一定的调温和调湿性能；

(5) 防火性好，但耐火性较差；

(6) 耐水性差。

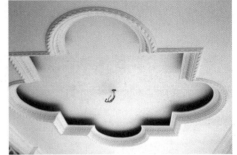

图7-2 石膏线条装饰效果

建筑石膏主要用于生产各种石膏板材、装饰制品、装饰配件及室内粉刷等，如纸面石膏板、石膏线条等（图7-2）。

2. 模型石膏

模型石膏也称为 β 型半水石膏。模型石膏杂质少、色白，主要用于陶瓷的制坯工艺，少量用于装饰浮雕。

3. 高强石膏

将二水石膏置于蒸压釜，在127kPa的水蒸气中（124℃）脱水，得到的是晶粒比 β 型半水石膏粗大、使用拌和用水量少的半水石膏，称为 α 型半水石膏。将此熟石膏磨细得到的白色粉末称为高强度石膏。

高强石膏主要用于室内高级抹灰、各种石膏板、嵌条、大型石膏浮雕画等，掺入防水剂后，还可生产高强防水石膏及制品。

4. 粉刷石膏

粉刷石膏是二水石膏或无水石膏经煅烧，其生成物（β-$CaSO_4$·$1/2H_2O$ 和 II 型 $CaSO_4$）单独或两者混合后掺入外加剂，也可加入集料制成的胶结料。

图7-3 粉刷石膏运用效果

粉刷石膏按用途分为粉刷石膏（M）、底层粉刷石膏（D）和保温层粉刷石膏（W）。按强度分为优等品(A)、一等品(B)、合格品(C)，各等级的强度应满足要求。

粉刷石膏黏结力强，不易开裂起鼓、表面光洁、防火保温，且施工方便，是一种高档抹面材料，适用于办公室、住宅等的墙顶面（图7-3）。

7.1.2 石膏装饰制品

建筑装饰石膏制品，是广泛应用在现代家居住宅和绝大多数室内环境中的重要装饰与装修材料之一，主要有石膏板（图7-4）和装饰石膏制品（图7-5）两大类。

石膏具有质地相对较轻、防火性能良好的特点，用这种材料制成的板材，其阻燃耐火等级均为一级，是各种环境室内装饰装修

图7-4 纸面石膏板

图7-5 装饰石膏制品

的首选材料之一；制成的各种石膏空心条、石膏线、石膏柱、石膏浮雕、石膏饰角等产品则显得大方，用在室内装饰装修中具有明显的异国情调。石膏材料及其产品的种类相当多，在这些石膏产品中使用最广泛的是各种平面石膏板材，它不仅可以用作吊顶材料，也可以用来做墙体、管线的防护材料，甚至可以用作地面上地板的基层铺装材料。

石膏材料除了具有良好的防火性能以外，其体积膨胀系数较小，仅为1%，基本上可以忽略不计，优于其他装饰材料，因此在室内的装饰与装修施工中，凡属于墙体、棚面施工中形成的缺陷，都采用石膏粉进行修整。石膏制品的加工性能较好，可以采用锯、刨、钉、钻等施工工艺进行安装，非常方便。但是使用时要注意防止石膏制品吸水，因为石膏制品的缺点是吸湿性强，吸水后其强度明显下降。与应用其他同类的材料相比，石膏板还具有

纸面石膏板 PLASTERBOARD

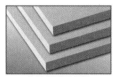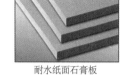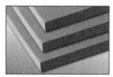

普通纸面石膏板　　耐水纸面石膏板　　耐火纸面石膏板

图7-6 各种类型的纸面石膏板

质轻、强度高、能相对增加使用面积以及防蛀、隔热、吸声等优点。

按功能的不同，石膏板可分为以下几种：装饰石膏板、纸面石膏板、嵌装式装饰石膏板、耐火纸面石膏板、耐水纸面石膏板、吸声用穿孔石膏板（图7-6）。

1．纸面石膏板

纸面石膏板是以半水石膏和护面纸为主要原料，掺加适量纤维、胶黏剂、促凝剂、缓凝剂，经料浆配制、成型、切割、烘干而成的轻质薄板。护面纸板（专用的厚质纸）主要起到提高板材抗弯、抗冲击的作用。

（1）产品常用规格

普通纸面石膏板宽度分为900mm和1200mm；长度分为1800mm，2100mm，2400mm，2700mm，3000mm，3300mm和

矩形棱边（代号PJ）　　楔形棱边（代号PC）

45°倒角棱边（代号PD）　半圆形棱边（代号PB）　圆形棱边（代号PY）

图7-7 普通纸面石膏板的棱边

3600mm；厚度分为9mm，12mm，15mm和18mm。

板材的棱边有矩形（代号PJ）、45°倒角形（代号PD）、楔形（代号PC）、半圆形（代号PB）和圆形（代号PY）五种（图7-7）。

普通纸面石膏板产品品种的标记顺序为：产品名称、板材棱边形状代号、板宽、板厚及标准号。普通纸面石膏板的板面应平整，外观质量和物理力学性能应满足相应规定和要求。

（2）产品性质和用途

普通纸面石膏板具有质轻、抗弯和抗冲击性高，防火、保温隔热、抗震性好，并具有较好的隔声性和可调节室内湿度等优点，当与钢龙骨配合使用时，可作为A级不燃性装饰材料使用。普通纸面石膏板的耐火极限一般为5～15分钟。普通纸面石膏板还具有可锯、可钉、可刨等良好的可加工性。

普通纸面石膏板适用于办公楼、影剧院、饭店、宾馆、候车室、候机楼、住宅等建筑的室内吊顶、墙面、隔断、内隔墙等的装饰。普通纸面石膏板适用于干燥环境中，不易用于厨房、卫生间、厕所以及空气湿度大于 70% 的潮湿环境中。普通纸面石膏板的表面还需要进行饰面处理，方能获得理想或满意的装饰效果。常用方法为裱糊壁纸，喷涂、滚涂或刷涂装饰涂料，镶贴各种类型的玻璃片、金属抛光板、复合塑料镜片等（图 7-8）。

图 7-8 普通纸面石膏板的运用

2. 耐水纸面石膏板

耐水纸面石膏板是以建筑石膏为主要原料，掺入适量耐水外加剂构成耐水芯材，并与耐水的护面纸牢固黏结在一起的轻质建筑板材。

（1）产品常用规格

耐水纸面石膏板的长度分为 1800mm，2100mm，2400mm，2700mm，3000mm，3300mm 和 3600mm；宽度分为 900mm 和 1200mm；厚度分为 9mm，12mm 和 15mm。

板材的棱边形状分为矩形（代号 SJ）、45°倒角（代号 SD）、楔形（代号 SC）、半圆形（代号 SB）和圆形（代号 SY）五种。耐水纸面石膏板的板面平整，外观质量，含水率、吸水率、表面吸水率应满足相应要求。此外，尺寸偏差等也应满足 GB11978—89 的要求。耐水纸面石膏板具有较高的耐水性，其他性能与普通纸面石膏板相同。

（2）产品性质和用途

耐水纸面石膏板主要用于厨房、卫生间、厕所等潮湿场合的装饰。其表面也须再进行饰面处理以提高装饰性。

3. 耐火纸面石膏板

耐火纸面石膏板是以建筑石膏为主，掺入适量无机耐火纤维增强材料构成芯材，并与护面纸牢固地黏结在一起的耐火轻质建筑板材。

耐火纸面石膏板的长度分为 1800mm，2100mm，2700mm，3000mm，3300mm 和 3600mm；宽度分为 900mm 和 1200mm；厚度分为 9mm，12mm，15mm，18mm，21mm 和 25mm。

板材的棱边形状有矩形（代号 HJ）、45°倒角（代号 HD）、楔形（代号 HC）、半圆形（代号 HB）和圆形（代号 HY）五种。

耐火纸面石膏板的外观质量应满足相应要求。板材的遇火稳定性（即在高温明火下焚烧时不断裂的性质）用遇火稳定时间来表示，板材的其他物理力学性能应满足相应要求。

4. 装饰石膏板

装饰石膏板是以建筑石膏为胶凝材料，加入适量的纤维增强材料、胶黏剂、改性剂等辅料，与水拌和成料浆，经成型、干燥而成的不带护面的装饰板材。

它具有质轻、强度高、图案饱满、细腻、色泽柔和、美观、吸音、防火、隔热、变形小及可调节室内湿度等优点，并具有施工方便，加工性能好，可锯、可钉、可刨、可粘贴等特点，是较理想的顶棚吸音板及墙面装饰板材（图 7-9）。

装饰石膏板的种类很多，按其正面形状和防潮性能的不同进行分类。

（1）产品常用规格

装饰石膏板为正方形，其棱边断面形式有直角形和倒角形。板材的规格为500mm×500mm×9mm，600mm×600mm×11mm。

板材的厚度是指不包括棱边倒角、孔洞和浮雕图案在内的板材正面和背面间的垂直距离。装饰石膏板正面不应有影响装饰效果的气孔、污痕、裂纹、缺角、色彩不均和图案不完整等缺陷。板材的含水率、吸水率、受潮挠度和断裂荷载应满足相应要求。

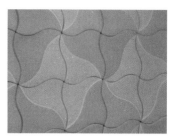

图7-9　装饰石膏板

（2）产品性质和用途

装饰石膏板的表面细腻，色彩、花纹图案丰富，浮雕板和孔板具有较强的立体感，质感亲切，给人以清新柔和感，并且具有质轻、强度较高、保温、吸声、防火、不燃、调节室内湿度等特点。

装饰石膏板广泛应用于宾馆、饭店、餐厅、礼堂、影剧院、会议室、医院、幼儿园、候机（车）室、办公室、住宅等的吊顶、墙面等。

图7-10　嵌装式装饰石膏板的运用

5．嵌装式装饰石膏板

嵌装式装饰石膏板（代号QZ）分为平板、孔板、浮雕板（图7-10）。

如在具有一定穿透孔洞的嵌装式装饰石膏板的背面复合吸声材料，使之成为具有较强吸声性的板材，则称为嵌装式装饰吸声石膏板（代号QS），简称嵌装式吸声石膏板。

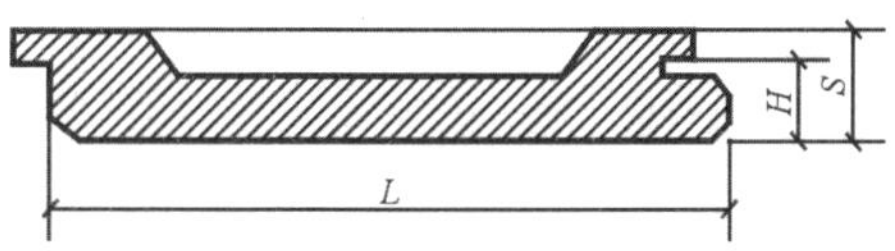

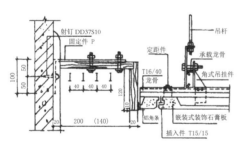

图7-11　嵌装式装饰石膏板构造示意图

（1）产品常用规格

嵌装式装饰石膏板规格为600mm×600mm，边厚大于28mm；500mm×500mm，边厚大于25mm。板材的边长（L）、铺设高度（H）、厚度（S）及构造见图7-11、图7-12所示。

（2）产品性质和用途

嵌装式装饰石膏板正面不得有影响装饰效果的气孔、污痕、裂纹、缺角、色彩不均和图案不完整等缺陷。

板材单位面积质量、含水率、断裂荷载、吸声板的吸声系数、不平整度、直角偏离度应满足相应要求。

嵌装式装饰石膏板的性能与装饰石膏板的性能相同，此外，它也具有各种色彩、浮雕图案、不同孔洞形式（圆、椭圆、三角形等）及其不同的排列方式。嵌装式装饰吸声石膏板主要用

图7-12　嵌装式石膏板与龙骨的连接

于吸声要求高的建筑物装饰，如影剧院、音乐厅、播音室等。

6．印刷石膏板

印刷石膏板是以石膏板为基材，板两面均有护面纸或保护膜，面层又经印花等工艺而成，具有较好的装饰性。

主要规格有500mm×500mm×9.5mm，600mm×600mm×9.5mm，455mm×910mm×9.5mm，板边棱角为直角。

7．吸声用穿孔石膏板

吸声用穿孔石膏板是以装饰石膏板、纸面石膏板为基板，在其上设置孔眼而成的轻质建筑板材（图7-13、图7-14）。吸声用穿孔石膏板按基板的不同和有无背覆材料（贴于石膏板背面的透气性材料）分类，按基板的特征还可分为普通板、防潮板、耐水板等。

图7-13　吸声用穿孔石膏板　　　　　　　　　　　　图7-14　效果丰富的穿孔石膏板

（1）产品常用规格

板材的规格尺寸分为500mm×500mm和600mm×600mm两种，厚度分为9mm和12mm两种。板面上开有6，8，10的孔眼，孔眼垂直于板面，孔距的大小为18～24mm。孔径越小，孔距也越小。穿孔率为5.7%～15.7%，孔眼呈正方形或三角形排列。除标准所列的孔形外，实际应用中还有其他孔形。

（2）产品性质和用途

板材的物理力学性能应能满足相应要求。此外，尺寸偏差等也应满足GB11979—89的规定。吸声用穿孔石膏板具有较高的吸声性能，其平均吸声系数可达0.11～0.65。

以装饰石膏板为基板的还具有装饰石膏板的各种优良性能，以防潮、耐水和耐火石膏板为基材的还具有较好的防潮性、耐水性和遇火稳定性。

吸声用穿孔石膏板的抗弯、抗冲击性能及断裂荷载较基板低，使用时应予以注意。吸声用穿孔石膏板主要用于播音室、音乐厅、影剧院、会议室以及其他对音质要求高的或对噪声限制较严的场所，作为吊顶、墙面等的吸声装饰材料。

表面不再进行装饰处理的，其基板应为装饰石膏板；须进一步进行饰面处理的，其基板可选用纸面石膏板。

8．特种耐火石膏板

特种耐火石膏板是以建筑石膏的芯材内掺多种添加剂，板面上复合专用玻璃纤维毡（其质量为100~120g/m²），生产工艺与纸面石膏板相似。

特种耐火石膏板按燃烧性属于A级建筑材料。板的自重略小于普通纸面石膏板和耐火纸面石膏板。板面可丝网印刷、压滚花纹。板面上有Φ1.5mm～Φ2.0mm的透气孔，吸声系数为0.34。适用于防火等级要求高的建筑物或重要的建筑物，作为吊顶、墙面、隔断等的装饰材料。

9．装饰石膏线角、花饰、造型

装饰石膏线角、花饰、造型等石膏艺术制品可统称为石膏浮雕装饰件，可分为平板、浮雕板系列，浮雕饰线系列（阴型饰线及阳型饰线），艺术顶棚、灯圈、角花系列，艺术廊柱系列，浮雕壁画、画框系列，艺术系列及人体造型系列。

装饰石膏线角断面形状似为一字形或L形的长条状装饰部件，多用高强石膏或加筋建筑石膏制作，用浇注法成型。其表面呈现雕花型和弧型。规格尺寸很多，线角的宽度一般为45～300mm，长度一般为1800～2300mm。主要在室内装修中组合使用。线角的安装固定多用石膏黏合剂直接粘贴（图7-15）。

图7-15　装饰石膏线角

艺术顶棚、灯圈、角花一般在灯座处及顶棚和角花多为雕花型或弧线型石膏饰件，灯圈多为圆形花饰，直径0.9～2.5mm，美观、雅致。

艺术廊柱仿照欧洲建筑流派风格造型，分上、中、下三部分。上部为柱头，有盆状、漏斗状或花篮状等，中部为空心圆柱体，下部为基座，多用于营业门面、厅堂及门窗洞口处（图7-16）。

图7-16　艺术廊柱装饰效果

石膏花台有的形体为1/2球体，可悬置空中，上插花束而呈半球花篮状。又可为1/4球体贴墙面而挂，或1/8球体置于墙壁阴角。

石膏壁画是集雕刻艺术与石膏制品于一体的饰品。整幅图面可达到1.8m×4m，画面有山水、松竹、腾龙、飞鹤等（图7-17）。它是由多块小尺寸预制件拼合而成的。

石膏造型是指单独或配合廊柱用的人或动物造型，常采用石膏材料制成。

总之，石膏线角、灯饰、花饰、造型等，充分利用了石膏制品质轻、细腻、高雅而又方便制作、成本不高的特点，并已构成系列产品，它们在建筑室内装饰中有着较为广泛的应用。

图7-17　以莲为主题的石膏壁画

7.2 石膏制品的施工工艺及选购方法

7.2.1 装饰石膏板（矿棉板）吊顶施工工艺

1．工艺流程

弹线—安装吊顶—安装主龙骨—安装次龙骨—起拱调平—安装装饰石膏板（矿棉板）。

2．施工方法

（1）根据图纸先在墙上、柱上弹出顶棚标高水平墨线，在顶板上画出吊顶布局，确定吊杆位置并焊接在原预留吊筋上，如原吊筋位置不符或无吊筋时，采用 M8 膨胀螺栓在顶板上固定，采用 ∮8 钢筋加工。

（2）根据吊顶标高安装大龙骨，基本定位后调节吊挂，抄平下皮（注意起拱量）；再根据板的规格确定中、小龙骨位置。中、小龙骨必须和大龙骨地面贴紧，安装垂直吊挂时应用钳子夹紧，防止松紧不一。

（3）主龙骨间距一般为 1000mm，龙骨接头要错开；吊杆的方向也要错开，避免主龙骨向一边倾斜。用吊杆的螺栓上下调节，保证一定起拱度，视房间大小起拱 5～20mm，为房间短向跨度的 1/200，待水瓶度调好后再逐个拧紧螺帽，在开孔位置需要大龙骨加固。

（4）施工过程中应注意各工种之间的配合，待顶棚内的风口、灯具、消防管线的施工完毕，通过各种试验后方可安装面板。

（5）装饰石膏板、矿棉板安装。应注意石膏板、矿棉板的表面色泽，必须符合规范要求，对石膏板、矿棉板的几何尺寸进行核定，偏差在 ±1mm；安装时注意对缝尺寸，安装完后轻轻撕去表面保护膜（图 7-18）。

3．安装方法

（1）搁置平放法。采用 T 形铝合金龙骨或轻钢龙骨，可将装饰石膏板或矿棉板搁置在由 T 形龙骨组成的各个格栅上，即完成吊顶安装。

（2）螺钉固定法。当采用 U 形轻钢龙骨时，装饰石膏板或矿棉板可用镀锌

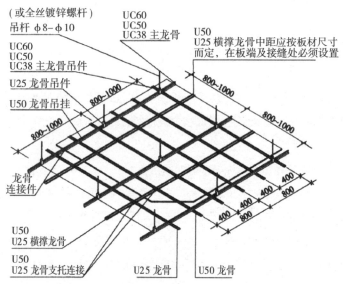

图 7-18 UC 型轻钢龙骨吊顶安装示意图

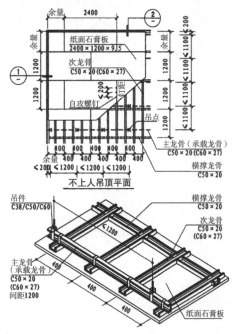

图 7-19　不上人吊顶平面及详图

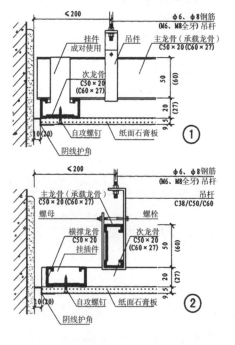

自攻螺钉固定在 U 形龙骨上，孔眼用泥子补平，再用与板面颜色相同的色浆涂刷。

如用木龙骨时，装饰石膏板可用镀锌圆钉或木钉与木龙骨钉牢，钉子与板面距离不应小于 15mm，钉子间距为 150mm 左右，宜均匀布置。钉帽嵌入石膏板深度 0.5～1mm 为

宜，应涂刷防锈漆；钉眼用泥子补平，再用与板面颜色相同的色浆涂刷。

（3）粘贴安装法。采用轻钢龙骨促成的隐蔽式装配吊顶时，可采用胶黏剂将装饰石膏板、矿棉板直接粘贴在龙骨上（图7-19、图7-20）。

4．质量要求

（1）吊顶标高、尺寸、起拱和造型应符合设计要求。饰面材料的材质、品种、规格、图案和颜色应符合设计要求。

图 7-20 石膏板封板示意图

（2）暗龙骨吊顶工程的吊杆、龙骨和饰面材料的安装必须牢固。

（3）吊杆、龙骨的材质、规格、安装间距及连接方式符合设计要求。金属吊杆、龙骨应经过表面防腐处理，木吊杆、龙骨应进行防腐、防火处理。

（4）饰面材料表面应洁净、色泽一致，不得有翘曲、裂缝及缺损。压条应平直、宽窄一致。饰面板上的灯具、烟感器、喷淋头等设备位置应合理、美观，面板的交接应吻合、严密。

（5）金属吊杆、龙骨的接缝应均匀一致，角缝应吻合，表面应平整，无翘曲、锤印。木质吊杆、龙骨应顺直，无劈裂、变形。

（6）吊顶内填充吸声材料的品种和铺设厚度应符合设计要求，并应有防散设施。

（7）暗龙骨吊顶工程安装的允许偏差和检验的方法符合 GB 50210—2001《建筑装饰装修工程施工质量验收规范》的规定：表面平整度为 2mm，接缝直线度为 1.5mm，接缝高低差为 1mm。

5．常见施工缺陷及预防措施

（1）吊顶不平。主龙骨安装时吊杆调平不认真，会造成各吊杆点的标高不一致；施工时因认真操作，检查各吊杆点的紧挂程度，并拉通线检查标高与平整度是否符合设计要求和规范标准的规定。

（2）轻钢龙骨局部节点构造不合理。吊顶轻钢骨架在留洞、灯具口、通风口等处，应按图纸上的相应节点构造设置龙骨及连接件，使构造符合图纸上的要求，以保证吊挂的刚度。

（3）轻钢骨架吊固不牢。顶棚的轻钢骨架应吊在主体结构上，并应拧紧吊杆螺母，以控制及固定设计标高。顶棚内的管线、设备件不得吊固在轻钢骨架上。

（4）罩面板切块间缝隙不直。照片板规格有偏差、安装不正都会造成这种缺陷。施工时应注意板块规格，拉线找正安装固定时保证平整对直。

（5）压缝条、压边条不严密。不选择平直，加工条材料规格不一致。使用时应经过选择，操作拉线，找正后固定、压粘。

（6）颜色不均匀。石膏板、矿棉板吊顶要注意板块的色差，以防颜色不均匀的质量弊病。

7.2.2 轻钢龙骨石膏隔板墙

1．材料准备

（1）轻钢龙骨主件。沿顶龙骨、沿地龙骨、加强龙骨、竖向龙骨、横向龙骨应符合设计要求。

（2）轻钢龙骨配件。支撑卡、卡托、角托、连接件、固定件、附墙龙骨、压条等附件应符合设计要求。

（3）紧固材料。射钉、膨胀螺栓、镀锌自攻螺丝、木螺丝和黏结嵌缝料应符合设计要求。

（4）填充隔音材料。

（5）罩面板材。纸面石膏板规格、厚度由设计人员或按图纸要求选定。

2．作业条件

（1）轻钢骨架、石膏罩面板隔墙施工前应先完成基本的验收工作，石膏罩面板应等屋面、顶棚和墙抹灰完成后进行。

（2）设计要求隔墙有地枕带时，应等地枕带施工完毕，并达到设计完成度后，方可进行轻钢骨架安装。

（3）根据设计施工图和材料计划，实查隔墙的全部材料，使其配套齐备。

（4）所有材料必须有材料检测报告、合格证。

3．工艺流程

放线—安装门洞门框—安装沿顶龙骨和沿地龙骨—竖向龙骨切挡—安装竖向龙骨—安装横向龙骨卡挡—安装石膏罩面板—接缝—面层施工。

4．施工方法

（1）放线。根据设计施工图，在已做好的地面或地枕带上，放出隔墙位置线、门窗洞口边框线，并放好顶龙骨位置边线。

（2）安装门洞门框。放线后按设计，先将隔墙的门洞口框安装完毕。

（3）安装沿顶龙骨和沿地龙骨。按已放好的隔墙位置线，安装顶龙骨和地龙骨，用射钉固定于主体上，设定间距为600mm。

（4）竖龙骨切档。根据隔墙放线门洞位置，在安装顶、地龙骨后，按石膏罩面板的规格900mm或1200mm板宽，切档规格尺寸为450mm，不足模数的切档应避开门洞框边第一块石膏罩面板位置，使破边石膏罩面板不在靠洞框处。

（5）安装龙骨。按切档位置安装竖龙骨，竖龙骨上下两端插入沿顶龙骨及沿地龙骨，调整垂直及定位准确后，用抽芯铆钉固定；靠墙、柱边龙骨用射钉或木螺丝与墙、柱固定，钉间距为1000mm。

（6）安装横向卡档龙骨。根据设计要求，隔墙高度大于3m时应加横向卡档龙骨，用抽芯铆钉或螺栓固定。

（7）安装石膏罩面板。①检查龙骨安装质量、门洞口框是否符合设计要求及构造要求，龙骨间距是否符合石膏板宽度的模数。②安装一侧的纸面石膏板，从门口处开始，无门洞口的墙体由墙的一端开始，纸面石膏板一般用自攻螺钉固定，板边钉距为200mm，板中间钉距为300mm，螺钉距石膏板边缘距离不得小于10mm，也不得大于16mm。用自攻螺钉固定时，纸面石膏板必须与龙骨紧靠。③安装墙体内电管、电盒和电箱设备。④安装墙体内防火、隔音、防潮填充材料，与另一侧纸面石膏板同时进行。⑤安装墙体另一侧纸面石膏板。安装方法同第一侧纸面石膏板，其接缝应与第一侧面板错开。⑥安装双层纸面石膏板。第二层的固定方法与第一层相同，但第三层板的接缝应与第一层错开，不能与第一层的接缝落在同一龙骨上。

（8）接缝。纸面石膏板接缝做法有三种形式，即平缝、凹缝和压条缝。可按以下程序处理：①刮嵌缝腻子。刮嵌缝腻子前先将接缝内的浮土清除干净，用小刮刀把腻子嵌入接缝，将板面填实刮平。②粘贴拉结带。待嵌缝腻子凝固即进行粘贴拉结带，先在接缝上薄刮一层稠度较稀的胶状腻子，厚度为1mm，宽度为拉结带宽，随机粘贴拉结带，用中刮刀从上而下一个方向刮平压实，赶出胶腻子与拉结带之间的气泡。③刮中层腻子。拉结带粘贴后，立即在上面再刮一层比拉结带宽 80mm 左右，厚度约为 1mm 的中层腻子，是拉结带埋入这层腻子中。④找平腻子。用大刮刀将腻子填满楔形槽，并与板抹平。

图 7-21 轻钢龙骨石膏板隔墙构造图

（9）墙面装饰、纸面石膏板墙面，根据设计要求，可做各种饰面（图 7-21 至图 7-23）。

5．质量要求

以 GB 50210—2001 的规定为标准，并严格遵守。

6．成品保护

（1）在轻钢龙骨隔墙施工中，工种间应保证已装项目不受损坏，墙内电管及设备不得碰动错位及损伤。

图 7-22 轻钢龙骨石膏板隔墙安装示意图　　图 7-23 石膏板隔墙封板示意图

（2）轻钢骨架及纸面石膏板入场、存放、使用过程中应妥善保管，保证不变形、不受潮、不污染、无损坏。

7.2.3 石膏制品的选购方法

在选购石膏装饰材料时要学会鉴别其质量，应注意以下几点：

1．注意辨别浮雕深浅

深浮雕产品图案花纹的凸凹厚度应在 1cm 以上，花纹制作精细，清晰明快。这样在安装完毕后再经表面刷漆处理，能够保持立体感，从而保证浮雕的艺术性和美观性（图 7-24）。

2．注意感觉表面光洁度

外观检查时应在 0.5m 远处光照明亮的条件下，对板材正面进行目测检查，先看表面，表面平整光滑，不能有气孔、污痕、裂纹、缺角、色彩不均和图案不完整现象；再看侧面，看石膏质地是否密实，有没

图 7-24 观察图案花纹是否清晰

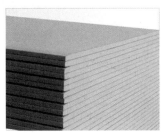

图 7-25 观察石膏板外观

图 7-26 观察石膏材料光洁度

有空鼓现象。浮雕产品表面无破损，干净整齐、质地细腻，手感越光滑，刷漆后效果越好（图7-25、图7-26）。

3. 注意产品的厚薄

石膏系气密性胶凝材料，产品必须达到相应厚度，才能保证使用年限和使用期间的完整和完美。石膏制品尺寸允许偏差、平面度和直角偏离度要符合合格标准，装饰石膏板如偏差过大，会使装饰表面拼缝不整齐，整个表面凹凸不平，对装饰效果会有很大的影响。

4. 注意辨别生产厂家与商标

在每一包装箱上，应有产品的名称、商标、质量等级、制造厂名、生产日期以及防潮、小心轻放和产品标记等标志。购买时应重点查看质量等级标志。装饰石膏板的质量等级是根据尺寸允许偏差、平面度和直角偏离度划分的。

图7-27 人民大会堂接待厅门厅

图7-28 人民大会堂接待厅

【案例点评】

雄伟壮丽的人民大会堂，是汲取中外建筑艺术精华又具有浓郁民族风格的中国现代著名大型建筑，是我们国家举办重大国事、外事活动的最主要场所，许多举世闻名的对新中国历史进程发生重大影响的历史事件都曾发生在这里。人民大会堂南端主要部分是全国人大常委会机关办公楼。一层中央设有国家接待厅，是党和国家领导人接待贵宾和国家主席接受外国新任驻华使节呈递国书的地方，面积为550平方米，设计富有民族传统风格。

顶部材料采用轻钢龙骨双层防火、防潮双层石膏板，龙骨为60U型加强龙骨，防火石膏板为12mm厚，防潮石膏板为9mm厚。顶部造型是沥粉贴金棋盘式藻井，悬挂4盏宫灯式水晶吊灯。四周墙壁采用轻钢龙骨石膏板外加大芯板锦缎软包（图7-27、图7-28）。

正泰电气股份有限公司系正泰集团股份有限公司的控股子公司。公司坚持"国际化、科技化、产业化"

图7-29 正泰电气股份有限公司各区域办公室

图7-30 正泰电气股份有限公司各区域办公室

图 7-31 正泰电气股份有限公司各区域办公室

图 7-32 正泰电气股份有限公司各区域办公室

发展战略，大力开展制度创新、科技创新和管理创新，为全球用户提供高性能、智能化、节能型的电器产品与技术服务，致力于成为世界一流的低压电器全面解决方案。

正泰电气股份有限公司办公室秉承了现代、科技、低碳的设计理念，将位于不同区域的办公室进行变换设计。整体而言，天花和部分隔断墙采用质轻、防火、隔音的石膏板，并结合公司的 logo 进行天花造型的整体设计，与公司高效、科技的氛围相互辉映（图 7-29 至图 7-32）。

【课后练习】

学生以小组为单位对石膏装饰材料实际应用案例进行收集。结合收集的优秀案例，每个小组制作一份完整的 PPT 文件，并由一名组员代表讲解。老师和同学针对大家的汇报进行总结与点评。

【拓展阅读】

由陈燕等编著的《石膏建筑材料》，中国建材工业出版社出版。其主要包括石膏原料、石膏胶凝材料、石膏复合胶凝材料、石膏建筑制品和附录五个部分。该书详细地介绍了我国天然石膏和工业副产石膏的有关情况；对各种石膏建筑材料从基础理论、原材料要求、生产工艺设备、产品性能等方面进行了较全面、系统的论述，并介绍了一些国外的有关情况。总结了三十多年来我国在石膏建筑材料方面取得的成果和生产应用经验，反映了目前我国石膏建筑材料的水平，是这方面内容较全面、系统的专业图书。

第 8 章　玻璃装饰材料及其施工工艺

学习目标

了解掌握常用装饰玻璃材料的种类，熟悉其施工工艺。

重难点

镜面玻璃墙面装饰施工；装饰工艺玻璃吊顶施工。

训练要求

掌握常用装饰玻璃材料在装饰设计中的实际应用。

8.1　常用玻璃装饰材料

玻璃是一种坚硬、易碎的透明或半透明物质，由熔化二氧化硅混合物而制成，熔化时玻璃可以被吹大、拉长、弯卷、挤压或浇制成许多不同的形状（图 8-1）。

早在古罗马时代，就做出了平板玻璃。而两千多年前，就有了彩色玻璃，那时候，带色玻璃的碎片被人们嵌入厚重的石材或石膏之中。铅条玻璃起源于中世纪，那时玻璃是被嵌入有延展性的铅框中。

玻璃具有视像清晰而又防风雨的性能。通常玻璃易碎，但是通过掺合其他成分，可以使之强化，防碎。通过在两层玻璃中加入真空密封层，可以使之更具有隔绝性能。

图 8-1 光影变幻的水晶玻璃

玻璃用途广泛，包括用于大面积无曲折光的平板玻璃，经过热处理的强化玻璃，增强防火性能的嵌丝玻璃，用于减轻太阳辐射的吸热玻璃，可以减少热能损失的保温玻璃，用于装饰室内隔断的波纹玻璃，以及用于金属反射面上的镜子玻璃。在十分平滑的情况下，由玻璃做覆板的房屋可以不加饰面，玻璃本身就能起到修饰效果，因为玻璃能反映光线和自然环境。

　　玻璃是现代建筑十分重要的室内外装饰材料之一，是以石英砂、纯碱、石灰石等主要原料与某些辅助性材料，经 1550℃～ 1600℃高温熔融、成型并经急冷而成的固体。其作为建筑装修材料已由过去单纯作为采光材料，而向控制光线、调节热量、节约能源、控制噪声，以及降低建筑结构自重、改善环境等方向发展，同时用着色、磨光、刻花等办法提高装饰效果。

　　现代建筑技术发展的需要和人们对建筑物的功能和适用性要求的不断提高，促使玻璃制品朝着多品种、多功能方向发展。现代建材工业技术更多地把装饰性与功能性联系在一起，生产出了许多性能优良的新型玻璃，从而为现代建筑设计提供了更广泛的选材余地。这些玻璃以其特有的内在和外在特征以及优良性能，在增加或改善建筑物的使用功能和适用性方面，以及美化建筑和建筑环境方面，起到了不可忽视的作用（图8-2 至图 8-3）。

图 8-2 玻璃幕墙在建筑上的运用

图 8-3 新技术让玻璃产品更加丰富

8.1.1 玻璃概述

　　玻璃是以石英砂、纯碱、石灰石等无机氧化物为主要原料，与某些辅助性原料经高温熔融，成型后经过冷却而成的固体。与陶瓷不同的是，它是无定形非结晶体的均质同向性材料。

　　玻璃的生产主要由原料加工、计量、混合、熔制、成型、退火等工艺组成。平板玻璃的生产与其他玻璃制品相比除组成稍有差别外，主要的不同在于成型方法的不同。平板玻璃的成型从公元 5 世纪至今，经历了从手工到机械，从喷筒成型制板到浮法的巨大变革，比较常用的方法有垂直引上法、水平拉引法、压延法及浮法等（图 8-4）。

图 8-4 玻璃的生产工艺

　　玻璃切割是所有玻璃深加工的第一道工序，玻璃经过先进设备的高精度、高速度切割、剥片，为下道工序提供高质量的材料。

磨边一般为玻璃深加工的第二道工序，磨边质量的高低，对玻璃外观及边缘应力集中引起的破裂影响极大。此工序设备包括卧（立）式磨边机、洗片机等。

8.1.2 常用的建筑玻璃

1. 平板玻璃

普通平板玻璃产量最大，用量最多，也是进一步加工成具有多种性能玻璃的基础材料。平板玻璃具有透光、隔热、隔声、耐磨、耐气候变化的性能，有的还有保温、吸热、防辐射等特征，被广泛应用于建筑物的门窗、墙面、室内装饰。

平板玻璃厚度有 3mm，4mm，5mm，6mm，8mm，10mm，12mm 等。室内门、窗、柜及装饰造型使用 3～5mm；餐桌、隔断使用 8～10mm。常用规格尺寸为 300mm×900mm，400mm×1600mm 和 600mm×2200mm 数种。其可见光线反射率在 7% 左右，透光率在 82%～90% 之间（图 8-5）。

影响平板玻璃质量最危险的缺陷就是疙瘩。疙瘩是存在于玻璃中的固体夹杂物，它不仅破坏了玻璃制品的外观和光学均一性，而且会大大降低玻璃制品的机械强度和热稳定性，甚至会使制品自行碎裂。普通平板玻璃的外观等级标准如下：

（1）是无色透明的或稍带淡绿色。

（2）玻璃的薄厚应均匀，尺寸应规范。

（3）没有或少有气泡、结石和波筋、划痕等疵点。

图 8-5 平板玻璃

玻璃在潮湿的地方长期存放，表面会形成一层白翳，使玻璃的透明度大大降低，挑选时要加以注意。

2. 钢化玻璃

钢化玻璃又称强化玻璃。它是通过加热到一定温度后再迅速冷却的方法进行特殊处理的玻璃，其特性是强度高、耐酸、耐碱，其抗弯曲强度、耐冲击强度比普通平板玻璃高 3～5 倍。

钢化玻璃的安全性能好，有均匀的内应力，破碎后呈网状裂纹。当其被撞碎时出现网状裂纹，各个碎块不会产生尖角，不会伤人，也称为安全玻璃。钢化玻璃广泛应用于对机械强度和安全性要求较高

图 8-6 钢化玻璃的运用

的场所。如玻璃门窗、建筑幕墙、立面窗、室内隔断、家具、汽车、靠近热源及受冷热冲击较剧烈的割断屏等（图 8-6）。

钢化玻璃可制成曲面玻璃、吸热玻璃等，一般厚度为 2～5mm，其规格尺寸为 400mm×900mm，500mm×1200mm。

钢化玻璃有普通钢化玻璃、钢化吸热玻璃、磨光钢化玻璃等品种,目前在上海、沈阳、厦门等地均有生产。钢化玻璃制品有平面钢化玻璃、弯曲钢化玻璃、半钢化玻璃和区域钢化玻璃等。平面钢化玻璃主要用作建筑工程的门窗、隔墙与幕墙等;弯曲钢化玻璃主要用作汽车车窗玻璃;半钢化玻璃主要用作暖房、温室及隔墙等的玻璃窗;区域钢化玻璃主要用作汽车的风挡玻璃。

钢化玻璃不能切割、磨削,边角不能碰击,使用时需选择现成尺寸规格或提出具体设计图纸加工定做。此外,钢化玻璃在使用过程中严禁溅上火花。否则,当其再经受风压或振动时,伤痕将会逐渐扩展,导致破碎。

3. 夹层玻璃

夹层玻璃是一种安全玻璃。它是在两片或多片平板玻璃之间,嵌夹一层以聚乙烯醇缩丁醛为主要成分的 PVB 中间膜,再经热压黏合而成的平面或弯曲的复合玻璃制品(图 8-7)。

图 8-7 图案丰富的夹层玻璃

夹层玻璃的主要特性是安全性好。玻璃破碎时,玻璃碎片不零落飞散,只能产生辐射状裂纹,碎片也会被黏在薄膜上,破碎的玻璃表面仍保持整洁光滑,有效防止了碎片扎伤和穿透坠落事件的发生。其抗冲击强度优于普通平板玻璃,防范性好,并有耐光、耐热、耐湿、耐寒、隔声等特殊功能。多用于与室外接壤的门窗。夹层玻璃的厚度一般为 6 ~ 10 mm,规格为 800mm×1000mm, 850mm×1800mm。

使用了 PVB 中间膜的夹层玻璃能阻隔声波,可维持安静、舒适的室内环境。其特有的过滤紫外线功能,既保护了人们的皮肤健康,又可使室内的贵重家具、陈列品等摆脱褪色的厄运。它不仅安全系数高,还可减弱太阳光的透射,降低制冷能耗,同时可以抗强风与地震,并且防弹性能良好。

目前,夹层玻璃有普通透明、彩色夹层、镀膜夹层、钢化夹层、LOW-E 夹层等种类。夹层玻璃广泛用于建筑物门窗、幕墙、采光天棚、天窗、吊顶、架空地面、大面积玻璃墙体、室内玻璃隔断、玻璃家具、商店橱窗、柜台、水族馆等几乎所有使用玻璃的场合。

4. 中空玻璃

中空玻璃是由两片或多片平板玻璃构成,四周用高强度、高气密性复合黏结剂将两片或多片玻璃与密封条、玻璃条黏接密封,中间充入干燥气体或其他惰性气体,框内充以干燥剂,以保证玻璃片间空气的干燥度而制成(图 8-8)。

图 8-8 中空玻璃构造示意图

中空玻璃还可制成不同颜色或镀上具有不同性能的薄膜,整体拼装在工厂完成。玻璃采用平板原片,有浮法透明玻璃、彩色玻璃、防阳光玻璃、镜片反射玻璃、夹丝玻璃、钢化玻璃等。由于玻璃片中间留有空腔,因此具有良好的保温、隔热、隔声等性能。如在空腔中充以各种漫射光线的材料或介质,则可获得更好的声控、光控、隔热等效果,且不易出现露水结凝现象。中空玻璃主要用于需要采暖、空调、防止噪声或结露以及需要无直射阳光和特殊光的建筑物上。因而,它多用于普通办公大楼的窗户;寒冷地区的居民住宅;工厂、实验室等有恒温要求的房间之窗户和隔墙;陈列架、火车窗户等要求隔热、隔声、防止结凝露水的地方。

5. 热反射玻璃

热反射玻璃是将平板玻璃经过深加工处理得到的一种新型玻璃制品。它既具有较高的热反射能力，又保持了平板玻璃的透光性，具有良好的遮光性和隔热性能，常用于建筑的门窗及隔墙等处。

图 8-9 镀膜热反射玻璃

热反射玻璃对太阳辐射的反射率高达 30% 左右，而普通玻璃仅为 7% ～ 8%，因此，热反射玻璃在日晒时能保证室内温度的稳定，并使光线柔和，改变建筑物内的色调，避免眩光，改善了室内的环境。镀金属膜的热反射玻璃还有单向透视作用，故可用作建筑的幕墙或门窗，使整个建筑变成一座闪闪发光的玻璃宫殿，映出周围景物的变幻，可谓千姿百态，美妙非凡（图 8-9）。

热反射玻璃是在平板玻璃表面涂覆金属或金属氧化物薄膜制成的。薄膜包括金、银、铜、铝、铬、镍、铁等金属及其氧化物；镀膜方法有热解法、真空溅射法、化学浸渍法、气相沉积法、电浮法等。具有对太阳辐射能的反射能力较强，遮阳系数小，单向透视性以及可见光透过率低等特点。

热反射玻璃在应用时应注意以下几点：一是安装施工中要防止损伤膜层，电焊火花不得落到薄膜表面；二是要防止玻璃变形，以免引起影像的"畸变"；三是注意消除玻璃反光可能造成的不良后果。

6. 吸热玻璃

吸热玻璃是指能大量吸收红外线辐射，又能使可见光透过并保持良好的透视性的玻璃。吸热玻璃的生产方法分为本体着色法和表面喷涂法（镀膜法）两种。本体着色法是在普通玻璃原料中加入具有吸热特性的着色氧化物，如氧化镍、氧化钴、氧化铁、氧化硒等，使玻璃本身全部着色并具有吸热特性。按玻璃的成型方式分为吸热普通平板玻璃和吸热浮法玻璃。

吸热玻璃主要用作建筑外墙的门窗、车船的风挡玻璃等，特别适合用于炎热地区的建筑门窗等，既能保持较高的可见光透过率，又能吸收大量红外辐射的玻璃称为吸热玻璃。吸热玻璃的生产是在普通钠钙硅酸盐玻璃中加入有着色作用的氧化物，如氧化铁、氧化镍、氧化钴以及氧化硒等；或在玻璃表面喷涂氧化锡、氧化钴、氧化铁等有色氧化物薄膜。使玻璃带色，并具有较高的吸热性能。

图 8-10 吸热玻璃幕墙

吸热玻璃按颜色分为灰色、茶色、绿色、古铜色、金色、棕色和蓝色等；按成分分为硅酸盐吸热玻璃、磷酸盐吸热玻璃、光致变色玻璃和镀膜玻璃等（图 8-10）。

7. 热熔玻璃

热熔玻璃又称水晶立体艺术玻璃，是近年来装饰行业中出现的新型材料。热熔玻璃以其独特的装饰效果成为设计单位、玻璃加工业主、装饰装修业主关注的焦点。热熔玻璃跨越现有的玻璃形态，充分发挥了设计者和加工者的艺术构思，以平板玻璃为基础材料，结合现代或古典的艺术构思，加工出各种凹凸有致、彩色各异的艺术效果（图 8-11）。

热熔玻璃是普通玻璃加热至玻璃融化点附近采用模压成型，然后玻璃进入退火而制成。必要的话，再进行雕刻、钻孔、修裁等后道工序加工。表面图案丰富、立体感强，解决了普通平板玻璃立面单调呆板的感觉，使玻璃面有线条和生动的造型，满足了人们对建筑、装饰等风格多样和美的追求。目前已经有热熔玻璃砖、门窗用热熔玻璃、大型墙体嵌玻璃、隔断玻璃、一体式卫浴玻璃洗脸盆、成品镜边框、玻璃艺术品，独特的玻璃材质和艺术效果使其品种十分广泛。它常应用于隔断、屏风、门、柱、台面、文化墙、玄关背景、天花、顶棚等装饰部位的装饰。

图 8-11　热熔工艺玻璃

8. 彩绘镶嵌玻璃

彩绘镶嵌玻璃（又称彩绘玻璃）是一种高档玻璃品种。它是用特殊颜料直接着墨于玻璃上，或者在玻璃上喷雕、镶嵌成各种图案再加上色彩制成的。可逼真地对原画复制，而且画膜附着力强，耐候性好，可进行擦洗。图案丰富亮丽，可将绘画、色彩、灯光融于一体，居室中彩绘玻璃的恰当运用，能较自如地创造出一种赏心悦目的和谐氛围，增添浪漫迷人的现代情调（图 8-12）。

图 8-12　色彩亮丽的彩绘玻璃

与普通玻璃制品相比，彩绘玻璃的工艺更为复杂，成品也具有很高的收藏价值。彩绘玻璃上的美丽图案，都是设计师绘画作品的再现。设计师可以在选择绘画内容、形式之后，交给工匠制作拼接，把经过精致加工的小片异型玻璃用金属条镶嵌焊接，最终制成一幅完整的图案。

制作彩绘玻璃的原材料是比较稀有的，特别是一些肌理特殊的原料，需要从国外进口。而制作过程也容不得丝毫马虎，稍有失误，一块原料就报废了。彩绘玻璃自身包含的艺术性和制作工艺的高技巧让它拥有不菲的身价，目前市场价格通常在 2000 ～ 4000 元／平方米，远远高出其他玻璃制品。彩绘玻璃虽然制作工艺复杂，但清洁起来却非常容易。因为玻璃本身的颜色和肌理在制作时就已冶炼形成，所以不必担心擦拭时颜色脱落或起变化，普通的清洁就可以了。

9. 玻璃马赛克

玻璃马赛克又称玻璃锦砖，其名称源于拉丁文，英文为MOSAIC。历史上，马赛克泛指镶嵌艺术作品，后来指由不同色彩的小块镶嵌而成的平面装饰（图 8-13）。

玻璃马赛克是将长度不超过 45mm 的各种颜色和形状的玻璃质小块铺贴在纸上而制成的一种装饰材料。它与陶瓷锦砖的主要区别是：玻璃质结构，呈乳浊状或半乳浊状，内含少量气泡和未熔颗粒；单块产品断面呈楔形，背面有锯齿状或阶梯

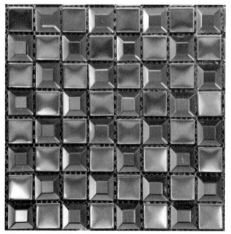

图 8-13　玻璃马赛克

状的沟纹，以便粘贴牢固。

　　玻璃马赛克色泽绚丽多彩，典雅美观，其质地坚硬，性能稳定，具有耐热、耐寒、耐候、耐酸碱等性能。由于玻璃马赛克的断面比普通陶瓷有所改进，吃灰深，黏结较好，不易脱落，耐久性较好。因而不积尘，天雨自涤，经久常新。价格较低，一般陶瓷马赛克为 9 ～ 11 元 / 平方米，而玻璃马赛克仅需 7.50 ～ 10.00 元 / 平方米。其施工方便，减少了材料堆放，减轻了工人的劳动强度，施工效率提高。适用于宾馆、医院、办公楼、礼堂、住宅等建筑的外墙装饰。

　　10. 磨砂玻璃

　　磨砂玻璃又称为毛玻璃，它是将平板玻璃的表面经机械喷砂、手工研磨或用氢氟酸溶蚀等方法处理成均匀毛面，具有透光不透型的特点。它能使室内光线柔和不刺目。研磨材料可用硅砂、金刚砂、石榴石粉等，研磨介质为水。

　　磨砂玻璃可用于表界定区域却互不封闭的地方，如制作屏风。一般常用于卫生间、浴室、办公室门窗隔断等空间，也可用于黑板、灯罩、家具、工艺品等（图 8-14）。安装时毛面应向室内，但用于卫生间、浴室时毛面应向外。

图 8-14 办公隔断局部磨砂玻璃

　　11. 压花玻璃

　　压花玻璃又称为滚花玻璃，用压延法生产的平板玻璃，是在平板玻璃硬化前用带有花样图案的滚筒压制而成的。由于压花玻璃表面凹凸不平而具有不规则的折射光线，可将集中光线分散，使室内光线柔和，且有一定的装饰效果。常用于办公室、会议室、浴室及公共场所的门窗和各种室内隔断（图 8-15）。

　　12. 夹丝玻璃

　　夹丝玻璃，也称钢丝玻璃，是玻璃内部夹有金属丝（网）的玻璃。生产时将普通平板玻璃加热到红热状态，再将预热的金属丝网（普通金属丝的直径为 0.4mm 以上，特殊金属丝的

图 8-15 压花玻璃

直径为 0.3mm 以上）压入而制成，或在压延法生产线上，当玻璃液通过两压延辊的间隙成型时，送入经过预热处理的金属丝网，使其平行地压在玻璃板中而制成。由于金属丝与玻璃粘结在一起，而且受到冲击荷载作用或温度剧变时，玻璃裂而不散，碎片仍附在金属丝上，避免了玻璃碎片飞溅伤人，因而属于安全玻璃。这种玻璃的抗折强度高，抗冲击能力和耐温度剧变的性能比普通玻璃好。破碎时其碎片附着在钢丝上，不致飞出伤人。适用于公共建筑的走廊、防火门、楼梯、厂房天窗及各种采光屋顶等。夹丝玻璃主要用于天窗、顶棚、阳台、楼梯、电梯井和易受振动的门窗以及防火门窗等处。以彩色玻璃原片制成的彩色夹丝玻璃，其色彩与内部隐隐出现的金属丝网相配具有较好的装饰效果。

　　夹丝玻璃在切割时，因金属丝网相连，常需反复上下折挠多次才能掰断。折挠时应十分小心，以防止切口边缘处相互挤压，造成微小缺口或裂口而引起使用时破损。夹丝玻璃在安装时一般也不应使之与窗框直接接触，宜填入塑料或橡胶等作为缓冲材料，以防止因窗框的变形或温度剧变而使夹丝玻璃开裂。

13. 雕刻玻璃

雕刻玻璃（又称雕花玻璃）是在普通平板玻璃上，用机械或化学方法雕出图案或花纹的玻璃。雕花图案透光不透明，有立体感，层次分明，效果高雅。

雕刻玻璃分为人工雕刻和电脑雕刻两种。其中人工雕刻利用娴熟刀法的深浅和转折配合，更能表现出玻璃的质感，使所绘图案给人呼之欲出的感受。雕花玻璃是家居装修中很有品位的一种装饰玻璃，所绘图案一般都具有个性"创意"，能够反映居室主人的情趣所在和对美好事物的追求（图 8-16）。

图 8-16 用作隔断的雕花玻璃

雕刻玻璃分为彩雕、白雕、肌理雕刻等种类。传统的雕刻玻璃是由雕刻师一刀一刀雕刻出来的，手工细腻，所以价格比较昂贵。目前市面上的雕刻玻璃大多采用的是喷砂工艺，由喷砂的薄厚造成凹凸的效果，也使得其价格大大降低。

雕刻玻璃可任意加工，常用厚度为 3mm，5mm，6mm，尺寸从 150mm×150mm～2500mm×1800mm 不等。

14. 光致变色玻璃

在玻璃中加入卤化银，或在玻璃与有机夹层中加入铝和钨的感光化合物，就能获得光致变色性。光致变色玻璃受太阳或其他光线照射时，颜色随着光线的增强而逐渐变暗；照射停止时又恢复原来的颜色。目前，光致变色玻璃的应用已从眼镜片开始向交通、医学、摄影、通信和建筑领域发展（图 8-17）。

图 8-17 光致变色玻璃

15. 泡沫玻璃

泡沫玻璃是以玻璃碎屑为原料，加少量发气剂，经发泡炉发泡后脱模退火而成的一种多孔轻质玻璃。其孔隙率可达80%～90%，气孔多为封闭型的，孔径一般为 0.1～5.0mm。特点是热导率低，机械强度较高，表观密度小于 160kg/m³。不透水、不透气，能防火，抗冻性强，隔声性能好。可锯、钉、钻，是良好的绝热材料，可用作墙壁、屋面保温，或用于音乐室、播音室的隔声等（图 8-18）。

16. 镭射玻璃

镭射（英文 Laser 的音译）玻璃是国际上十分流行的一种新型建筑装饰材料。它是以平板玻璃为基材，采用高稳定性的结构材料，经特殊工艺处理，从而构成全息光栅或其他图形的几何光栅。在同一块玻璃上可形成上百种图案。

图 8-18 用作墙体保温的泡沫玻璃

镭射玻璃的特点在于，当它处于任何光源照射下时，都将因衍射作用而产生色彩的变化；而且，对于同一受光点或受光面而言，随着入射光角度及人的视角的不同，所产生的光的色彩及图案也将不同。五光十色的变幻给人以神奇、华贵和迷人的感受。其装饰效果是其他材料无法比拟的（图 8-19）。

镭射玻璃大体上可分为两类：一类是以普通平板玻璃为基材制成的，主要用于墙面、窗户和顶棚等部位的装饰；另一类是以钢化玻璃为基材制成的，主要用于地面装饰。此外，还有专门用于柱面装饰的曲面镭射玻璃，专门用于大面积幕墙的夹层镭射玻璃以及镭射玻璃砖等。

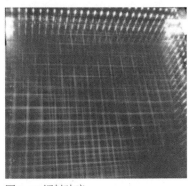

图 8-19 镭射玻璃

镭射玻璃的技术性质十分优良。镭射钢化玻璃地砖的抗冲击、耐磨、硬度等性能均优于大理石，与花岗石相近。镭射玻璃的耐老化寿命是塑料的 10 倍以上。在正常使用情况下，其寿命大于 50 年。其反射率可在 10% ～ 90% 的范围内任意调整，因此可最大限度地满足用户的要求。

目前国内生产的镭射玻璃的最大尺寸为 1000mm×2000mm。在此范围内有多种规格的产品可供选择。

镭射玻璃是用于宾馆、饭店、电影院等文化娱乐场所，以及商业设施装饰的理想材料，也适用于民用住宅的顶棚、地面、墙面及封闭阳台等的装饰。此外，还可用于制作家具、灯具。

17．玻璃砖

玻璃砖又称特厚玻璃，是由高级玻璃砂、纯碱、石英粉等硅酸盐无机矿物原料高温熔化，并经精加工而成。

玻璃砖有空心砖和实心砖两种。空心砖有单孔和双孔两种，内侧面有各种不同的花纹，赋予它特殊的柔光性，如圆环形、电晕形、莫尔形、彩云形、隐约形、树皮形、切纹形等。

空心玻璃砖以烧熔的方式将两片玻璃胶合在一起，再用白色胶搅和水泥将边隙密合，可依玻璃砖的尺寸、大小、花样、颜色来做不同的样式。

按光学性质分有透明型、雾面型、纹路型玻璃砖。按形状分，有正方形、矩形和各种异形玻璃砖。按尺寸分，一般有 145mm，195mm，250mm，300mm 等规格的玻璃砖。按颜色分，有使玻璃本身着色的产品和在内侧面用透明的着色材料涂饰的产品。

玻璃砖具有隔声、防噪、隔热、保温的效果。可用于建造透光隔墙、淋涂隔断、楼梯间、门厅、通道等和需要控制透光、眩光和阳光直射的场合。选用玻璃砖，既有分隔作用，又将光引入室内，且有良好的隔声效果。不论是单块镶嵌使用，还是整片墙面使用，皆有画龙点睛的效果。如果说彩色玻璃最经常和教堂建筑相联系的话，那么，玻璃砖在当代建筑中被用得最频繁（图 8-20、图 8-21）。

图 8-20 玻璃在室内的运用

图 8-21 玻璃在室内的运用

8.2 常用装饰玻璃的施工工艺

8.2.1 玻璃隔墙工程施工工艺

1. 无竖框玻璃隔墙安装

（1）操作程序

弹线—安装固定玻璃的型钢边框—安装大玻璃—安装玻璃稳定器（玻璃肋）—嵌缝打胶—边框装饰—清洁（图 8-22）。

（2）操作要点

①弹线：弹线时注意核对已做好的预埋铁件位珞是否正确（如果没有预埋铁件，则应划出金属膨胀螺栓位珞）。落地无竖框玻璃隔墙应留出地面饰面层厚度（如果有踢脚线，则应考虑踢脚线三个面饰面层厚度）及顶部限位标高（吊顶标高：先弹地面位珞线，再弹墙、柱上的位珞线）。

②安装固定玻璃的型钢边框：如果没有预埋铁件，或预埋铁件位珞已不符合要求，则应首先设珞金属膨胀螺栓。然后将型钢（角钢或薄壁槽钢）按已弹好的位珞线安放好，在检查无误后随即与预理铁件或金属膨胀螺栓焊牢。型钢材料在安装前应刷好防腐涂料，焊好以后在焊接处应再补刷防锈漆。

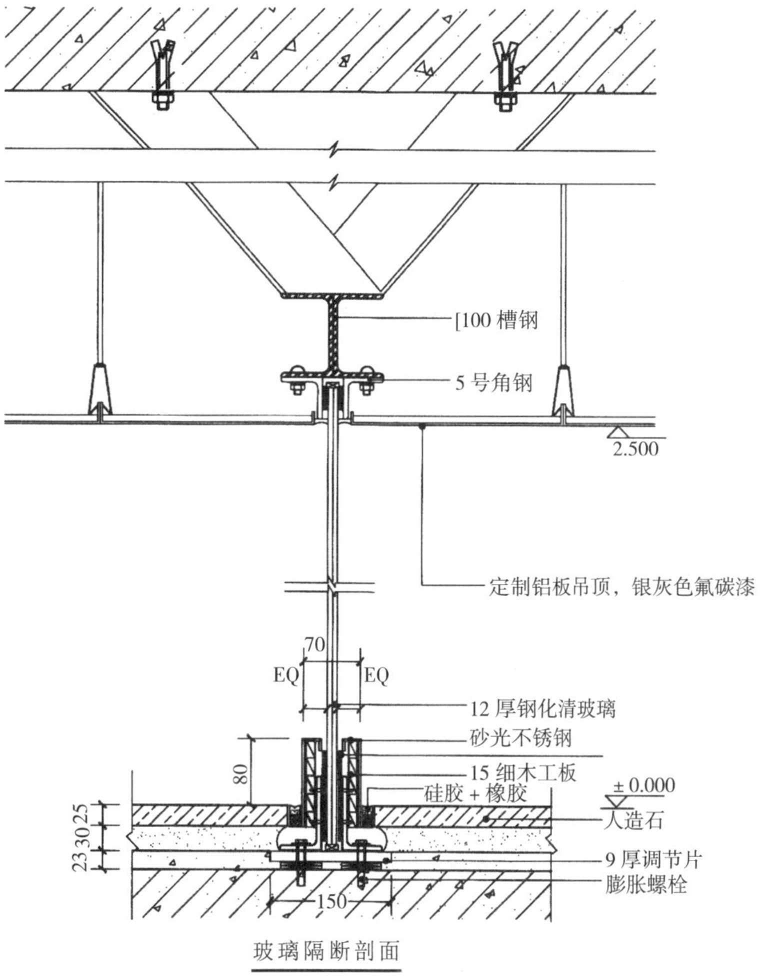

2. 安装大玻璃

当较大面积的玻璃隔墙采用吊挂式安装时应先在建筑结构

[100 槽钢

5 号角钢

2.500

定制铝板吊顶，银灰色氟碳漆

12 厚钢化清玻璃

砂光不锈钢

15 细木工板

硅胶 + 橡胶

±0.000

人造石

9 厚调节片

膨胀螺栓

70

EQ EQ

80

23 30 25

150

玻璃隔断剖面

图 8-22 吊挂式玻璃隔墙安装构造图

梁或板下做出吊挂玻璃的支撑架并安好吊挂玻璃的夹具及上框。其上框位珞即吊顶标高。

①厚玻璃就位：在边框安装好后，先将其槽口清理干净，槽口内不得有垃圾或积水，并垫好防振橡胶垫块。用 2～3 个玻璃吸盘把厚玻璃吸牢，由 2～3 个手握吸盘同时抬起玻璃，先将玻璃竖着插入上框槽口内，然后轻轻垂直落下，放入下框槽口内。如果是吊挂式安装，在将玻璃送入上框时，还应将玻璃放入夹具中。

②调整玻璃位置：先将靠墙（或柱）的玻璃推到墙（柱）边，使其插入贴墙的边框槽口内，然后安装

中间部位的玻璃。两块厚玻璃之间接缝时应留 2～3mm 的缝隙或留出与玻璃稳定器（玻璃肋）厚度相同的缝，为打胶做准备。玻璃下料时应计算留缝宽度尺寸。如果采用吊挂式安装，这时应用吊挂玻璃的夹具逐块将玻璃夹牢。

③嵌缝打胶：玻璃全部就位后，校正平整度、垂直度，同时用聚苯乙烯泡沫嵌条嵌入槽口内使玻璃与金属槽接合平伏、紧密，然后打硅酮结构胶。

④边框装饰：一般无竖框玻璃隔墙的边框是将边框嵌入墙、柱面和地面的饰面层中，此时只要精细加工墙、柱面和地面的饰面块材并在镶贴或安装时与玻璃接好即可。

⑤清洁及成品保护：无竖框玻璃隔断墙安装好后，用棉纱和清洁剂清洁玻璃表面的胶迹和污痕，然后用粘贴不干胶纸条等办法做出醒目的标志，以防止碰撞玻璃的意外发生。

3. 玻璃砖分隔墙施工工艺

玻璃砖主要用于室内隔墙和隔断的装修（图 8-23）。

在作为隔墙使用时，具有采光和封闭墙体装饰墙面等多重功能。玻璃砖四周有凹槽，砌筑时一般将其砌筑在框架内，框架材料最好采用金属框架。隔墙底部先用普通黏土砖或混凝土做垫层，然后用 1∶2～1∶2.5 白色水泥砂浆砌筑玻璃砖，且上下左右每三块或四块就要放置加强钢筋，尤其在纵向砖缝内一定要灌满水泥砂浆。玻璃砖之间的缝隙为 10mm，主要要视玻璃砖的排列调整而定。待水泥硬化后，用白水泥勾缝，在白水泥中掺入一些胶水则可以避免龟裂。（图 8-24、图 8-25）。

图 8-23 玻璃砖隔墙

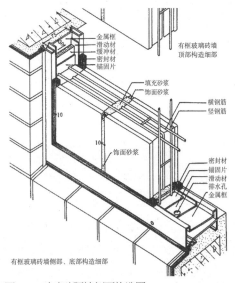

有框玻璃砖墙侧部、底部构造细部

图 8-24 玻璃砖隔墙侧面构造图

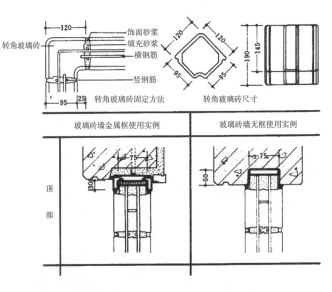

图 8-25 玻璃砖隔墙的转角、顶部细节构造

8.2.2 玻璃门安装施工工艺

1. 有框玻璃门施工工艺

定位、放线—安装框顶部限位槽—安装金属饰面的底托—安装竖向门框—安装玻璃—安装玻璃门扇上下门夹—门扇定位安装—安装玻璃门拉手（图8-26）。

施工方法与技术措施：

（1）定位、放线：由固定玻璃和活动玻璃门扇组合的玻璃门，统一进行放线定位。根据设计和施工图纸的要求，放出玻璃门的定位线，并确定门框位置，准确地测量地面标高和门框顶部标高以及中横框标高。

（2）安装框顶部限位槽：限位槽的宽应大于玻璃厚度2～4mm，槽深为10～20mm。安装时，先由所弹中心线引出两条金属装饰板边线，然后按边线进行门框顶部限位槽的安装。通过胶合垫板调整槽口内的槽深。限位槽除木衬外，采用1.5mm钢板压制、钢板焊制及铝金属型材等衬里外包不锈钢等制成。

（3）安装金属饰面的底托：先把底托固定在地面上，然后再用万能胶将金属饰面板粘在木上，方木可采用直接钉在预埋木砖上，或通过膨胀螺栓连接的方法固定。若采用铝合金方管，可以用铝角固定在框柱上，或用木螺钉固定在埋入地面中的木砖上。

（4）安装竖向门框：接所弹中心线钉立门框方木，然后用胶合板确定门框柱的外形和位置。最后外包金属装饰面。包饰面时要把饰面对头接缝位置放在安装玻璃的两侧中门位置。接缝位置必须准确并确保垂直。

（5）安装玻璃：用玻璃吸盘机把厚玻璃吸紧，手握吸盘把由2～3人将厚玻璃板抬起，移至安装位置。然后玻璃上部插入门框顶部的限位槽，把玻璃的下部放到底托上。玻璃下部对准中心线，两侧边部正好封住门框外的金属饰面对缝口，要求做到内外都看不见饰面接过口。

（6）固定玻璃：在底托方木上的内外钉两根小方木条把厚玻璃夹在中门，方木条距玻璃板面4mm左右，然后在方木条上涂刷万能胶，将饰面金属粘卡在方木条上。

（7）注玻璃胶封口：在顶部限位槽和底部托槽口的两侧，以及厚玻璃与框柱的对缝处等各缝隙处，注入玻璃胶封口，注胶时，由需要注胶的缝隙端头开始，顺缝隙匀速灌注，使玻璃胶在缝隙外形成一条表面均匀的直线，用塑料片刮去多余的玻璃胶，并用布擦拭胶迹。

（8）玻璃之间对接：玻璃门固定部分因尺寸过大而需要拼接玻璃时，其对缝要有2～3mm的宽度，玻璃板边要进行倒角处理。玻璃固定后，将玻璃胶注入对接的缝隙中。注满后，用塑料片在玻璃板对接缝的两面将胶刮平，使缝隙形成一条洁净的均匀直线，玻璃面上用干净布擦净胶迹。

（9）活动玻璃门扇安装：门扇安装前，地面地弹簧与门框顶面的定位销应定位安装完毕，两者必须同轴线，安装时用吊垂线检查，确保地弹簧转轴与定位销的中心线在同一条直线上。

（10）安装玻璃门上下门夹：把上下金属门夹分别装在玻璃门上下两端，并测量门高度。如果门的上下边距门横框及地面的缝隙超过规定值，即门高度不够，可在下门夹内的玻璃底部垫木夹板条。

（11）固定玻璃门上下门夹：定好门高度后，在厚玻璃与金属上下门夹内的两侧缝隙外，同时插入小木条，轻敲稳实，然后在小木条、厚玻璃、门夹之间的缝隙中注入玻璃胶。

（12）门定位安装：先将门框横梁上的定位销用本身的调节螺钉调出横梁平面2mm；再将玻璃门竖起来，把门下门夹内的转动销连接件的孔位对准地弹簧的转动销轴，并转动门将孔位套入销轴上；然后把门转动90°，使之与门框横梁成直角，把门扇上门夹中的转动连接件的孔对准门框横梁上的定位销，调节定位销的调节螺钉，将定位销插入孔内15mm左右。

（13）安装玻璃门拉手：全玻璃门上拉手孔洞，一般在裁割玻璃时加工完成。拉手连接部分插入洞口时不能过紧，应略有松动；如插入过松，可在插入部分裹上软质胶带。安装前在拉手插入玻璃的部分涂少许玻璃胶。拉手组装时，其根部与玻璃靠紧密后再按紧固定螺钉，以保证拉手没有松动现象。

2．无框玻璃门

无框玻璃门设计，往往与幕墙融为一体。它是用厚玻璃板做门，设置上下冒头及连接门轴，没有边框。

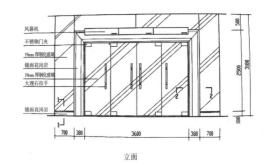

立面

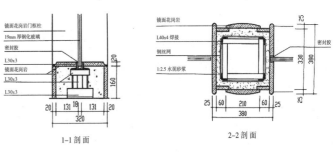

1—1 剖面　　　　　　2—2 剖面

图 8-26 玻璃砖门安装结构图

玻璃一般为 12mm 的厚平板白玻璃、压花玻璃及雕花玻璃等，具体厚度视门扇的尺寸而定。上下冒头均采用不锈钢或钛合金板罩面，拉手也用不锈钢或钛合金成品件，用地弹簧作为固定连接与开启门扇的装置。

8.2.3 玻璃吊顶施工工艺

1．工艺流程

弹吊顶水平标高线、划龙骨分档线—安装吊杆—安装边龙骨—安装主龙骨—安装次龙骨和横撑龙骨—防腐防火处理—安装基层板—安装玻璃板。

2．操作工艺

（1）弹吊顶水平标高线、划龙骨分档线

根据楼层标高水平线，顺墙高量至顶棚设计标高，沿墙四周弹顶棚标高水平线。按吊顶平面图，在混凝土顶板弹出大龙骨的位置。大龙骨一般从吊顶的中心位置向两边分，间距按设计要求，遇到梁和管道固定点大于设计和规程要求，应增加吊杆的固定点。

（2）安装吊杆

采用膨胀螺栓固定吊杆。吊杆的直径按设计要求选择，无设计要求也可以视情况采用 $\phi6 \sim \phi8$ 的吊杆，如果吊杆长度大于 1400mm，应设置反向支撑。吊杆可以采用冷拔钢筋和盘圆钢筋，盘圆钢筋应采用机械将其拉直。吊杆的一端同 30mm×30mm×3mm，L = 50mm 角钢焊接（角钢的孔径应根据吊杆和膨胀螺栓的直径确定），另一端用攻丝套出丝扣，丝扣长度不小于 100mm，也可以买成品丝杆与吊杆焊接。制作好的吊杆应做防锈处理。制作好的吊杆用膨胀螺栓固定在楼板上，用冲击电锤打孔，孔径应稍大于膨胀螺栓的直径。也可以采用 30mm×40mm 木吊杆，用膨胀螺栓将木方固定在楼板上，再用 4 寸的铁钉将木吊杆固定在木方上，每个木吊杆上不少于两个钉子，应错位钉牢。吊杆要逐根错开，不得钉在木方的同一侧面上。

(3) 龙骨安装

①安装边龙骨

边龙骨的安装应按设计要求弹线，沿墙（柱）上的水平龙骨线把 L 形镀锌轻钢条用自攻螺丝固定在预埋木砖上，如为混凝土墙（柱）上可用射钉固定，射钉间距应不大于吊顶次龙骨的间距。如罩面板是固定的单铝板或铝塑板可以用密封胶直接收边，也可以加阴角进行修饰。

②安装主龙骨

主龙骨应吊挂在吊杆上，其间距为 900～1000mm，且分不上人 UC38 小龙骨，上人 UC60 大龙骨两种。主龙骨一般宜平行房间长向安装，同时应起拱，应按房间短向跨度的 3‰～5‰。其悬臂段不应大于 300mm，否则应增加吊杆。主龙骨的接长应采取对接，相邻龙骨的对接接头要相互错开。主龙骨挂好后应基本调平。如罩面板是固定的单铝板或铝塑板，也可以用型钢或方铝管做主龙骨，与吊杆直接焊接或螺栓（铆接）连接。吊顶如设检修走道，应另设附加吊挂系统，用 10mm 的吊杆与长度为 1200mm 的 L45×5 角钢横担用螺栓连接，横担间距为 1800～2000mm，在横担上铺设走道，可以用 6 号槽钢两根间距 600mm，之间用 10mm 的钢筋焊接，钢筋的间距为 100mm，将槽钢与横担角钢焊接牢固，在走道的一侧设有栏杆，高度为 900mm，可以用 L50×4 的角钢做立柱，焊接在走道槽钢上，之间用 30×4 的扁钢连接。

③ 安装次龙骨和横撑龙骨

次龙骨分明龙骨和暗龙骨两种。暗龙骨吊顶，即安装罩面板时将次龙骨封闭在栅内，在顶棚表面看不见次龙骨。明龙骨吊顶，即安装罩面板时次龙骨明露在罩面板下，在顶棚表面能够看见次龙骨。次龙骨应紧贴主龙骨安装。次龙骨间距 300～600mm，分为 T 形烤漆龙骨、T 形铝合金龙骨和各种条形扣板厂家配带的专用龙骨。用 T 形镀锌铁片连接件把次龙骨固定在主龙骨上时，次龙骨的两端应搭在 L 形边龙骨的水平翼缘上。横撑龙骨应用连接件将其两段连接在通长龙骨上。明龙骨系列的横撑龙骨搭接处的间隙不得大于 1mm。龙骨之间的连接一般采用连接件连接，有些部位可采用抽芯铆钉连接。全面校正次龙骨的位置及平整度，连接件应错位安装。跨度大于 12m 以上的吊顶，应在主龙骨上，每隔 12m 加一道大龙骨，并垂直主龙骨焊接牢固。

(4) 防腐防火处理

顶棚内所有露明的铁件焊接处，安装玻璃板前必须刷好防锈漆。木骨架与结构接触面应进行防腐处理，龙骨无需粘胶处，需刷防火涂料 2～3 度。

(5) 安装基层板

轻钢龙骨安装完成并验收合格后，按基层板规格、拼缝间隙弹出分块线，然后从顶棚中间沿次龙骨的安装方向先装一行基层板，作为基准，再向两侧展开安装。基层板应按设计要求选用。设计无要求时，宜用 7mm 厚胶合板。基层板按设计要求的品种、规格和固定方式进行安装。采用胶合板时，应在胶合板朝向吊顶内侧面满涂防火涂料，用自攻螺钉与龙骨固定，自攻螺钉中心距不大于 250mm。

(6) 安装玻璃板

面层玻璃应按设计要求的规格和型号选用。一般采用 3＋3 厚镜面夹胶玻璃或钢化镀膜玻璃。先按玻璃板的规格在基层板上弹出分块线，线必须准确无误，不得歪斜、错位。再用结构胶将玻璃粘贴固定，最后用不锈钢装饰螺钉在玻璃四周固定。螺钉的间距、数量由设计定，但每块不得少于 4 个螺钉。玻璃上的螺钉孔应委托厂家加工，孔距玻璃边沿应大于 20mm，以防玻璃破裂。玻璃安装应尽快进行，不锈钢螺钉应对角安装（图 8-27、图 8-28）。

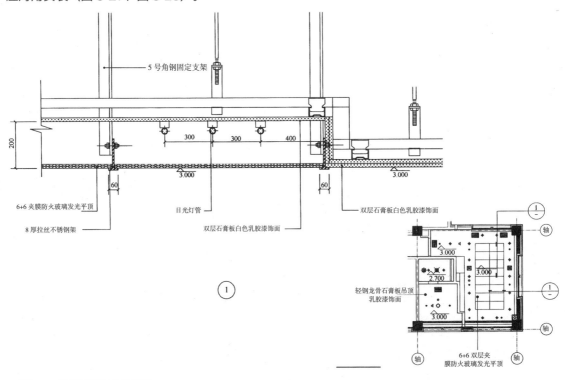

图 8-27 玻璃吊顶安装结构图

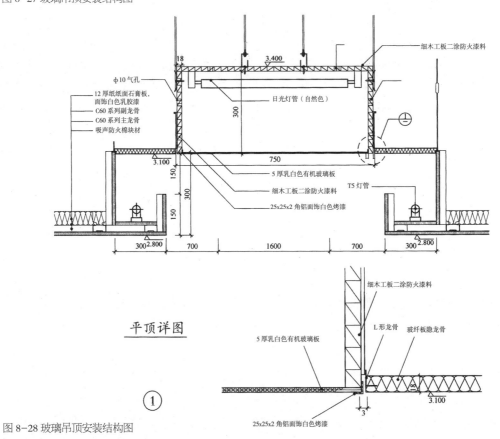

平顶详图

图 8-28 玻璃吊顶安装结构图

8.2.4 玻璃地面施工工艺

玻璃地面的一般构造是在钢结构支架上放置钢化玻璃。发光楼地面面层采用透光材料，下设架空层，架空层中安装灯具。透光面板有双层中空钢化玻璃、双层中空彩绘钢化玻璃、有机玻璃面板等。发光地面在一些需要美化或特殊要求的局部空间运用较多，如舞台、演播空间及一些局部地面重点装饰部位。面层透光板材常用钢化夹层玻璃、双层中空钢化玻璃等。中间架空一般采用钢结构支架，侧面预留180mm×180mm 的散热孔，并加装铁丝网，以防老鼠之类破坏。灯具应选用冷光源灯具，以免产生大热量破坏玻璃面层。

构造做法（图 8-29、图 8-30、图 8-31）

1．设置架空基层

（1）设架空支承结构——砖墩、混凝土墩、钢（铝合金）支架、木支架。

（2）铺设搁栅承托面层——木搁栅、型钢、T 形铝材等。

2．安装灯具

（1）选用冷光灯具，固定在基层上或支架上，注意防火与绝缘。

（2）选用光珠灯带，直接铺设或嵌入地面。

3．固定透光面板

（1）搁置法；

（2）粘贴法。

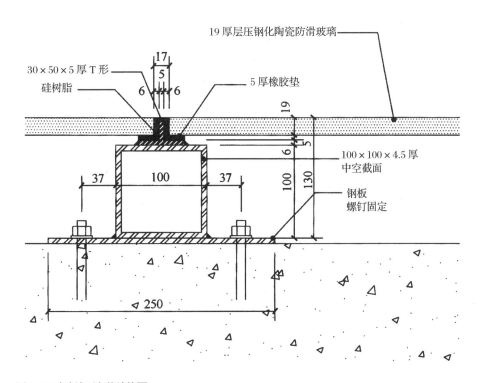

图 8-29 玻璃地面安装结构图

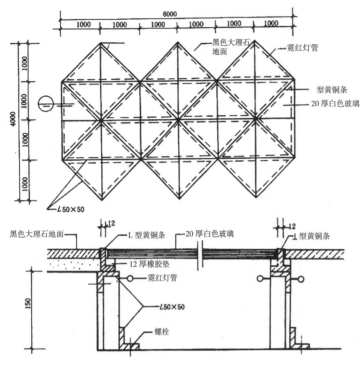

图 8-30 发光地面安装结构图

图 8-31 发光地面室内应用

8.2.5 玻璃幕墙施工工艺

1. 材料及机具准备

（1）主要材料质量检查

①玻璃的尺寸规格是否正确，特别要注意检查玻璃在储存、运输过程中有无受到损伤，发现有裂纹、崩边的玻璃绝不能安装，并应立即通知工厂尽快重新加工补充。

②金属结构构件的材质是否符合设计要求，构件是否平直，加工尺寸、精度、孔洞位置是否满足设计要求。要刷好第一道防锈漆，所有构件编号要标注明显。

（2）主要施工机具检查

①玻璃吊装和运输机具及设备的检查，特别是对吊车的操作系统和电动吸盘的性能检查。

②各种电动和手动工具的性能检查。

③预埋件的位置与设计位置偏差不应大于 20mm。

（3）搭脚手架

由于施工程序中的不同需要，施工中搭建的脚手架须满足不同的要求。

①放线和制作承重钢结构支架时，应搭建在幕墙面玻璃的两侧，方便工人在不同的位置进行焊接和安装等作业。

②安装玻璃幕墙时，应搭建在幕墙的内侧。要便于玻璃吊装斜向伸入时不碰脚手架，又要使站立在脚手架上下各部位的工人都能很方便地握住手动吸盘，协助吊车使玻璃准确就位。

③玻璃安装就位后注胶和清洗阶段，这时须在室外另行搭建一排脚手架，由于全玻璃幕墙连续面积较大，

使室外脚手架无法与主体结构拉接，所以要特别注意脚手架的支撑和稳固，可以用地锚、缆绳和用斜撑的支柱拉接。施工中各操作层高度都要铺放脚手板，顶部要有围栏，脚手板要用铁丝固定。在搭建和拆除脚手架时要格外小心，不能从高处向下抛扔钢管和扣件，防止损坏玻璃。

2. 吊挂式全玻璃幕墙安装施工

（1）放线定位

放线是玻璃幕墙安装施工中技术难度较大的一项工作，除了要充分掌握设计要求外，还需具备丰富的工作经验。因为有些细部构造处理在设计图纸中并未十分明确交代，而是留给操作人员结合现场情况具体处理，特别是玻璃面积较大、层数较多的高层建筑玻璃幕墙，其放线难度更大一些。

①测量放线

a. 幕墙定位轴线的测量放线必须与主体结构的主轴线平行或垂直，以免幕墙施工和室内外装饰施工发生矛盾，造成阴阳角不方正和装饰面不平行等缺陷。

b. 要使用高精度的激光水准仪、经纬仪，配合用标准钢卷尺、重锤、水平尺等复核。对高度大于 7m 的幕墙，还应反复 2 次测量核对，以确保幕墙的垂直精度。要求上、下中心线偏差小于 1～2mm。

c. 测量放线应在风力不大于 4 级的情况下进行，对实际放线与设计图之间的误差应进行调整、分配和消化，不能使其积累。通常利用适当调节缝隙的宽度和边框的定位来解决。如果发现尺寸误差较大，应及时反映，以便采取重新制作一块玻璃或其他方法合理解决。

②放线定位

全玻璃幕墙是直接将玻璃与主体结构固定，那么应首先将玻璃的位置弹到地面上，然后再根据外缘尺寸确定锚固点。

（2）上部承重钢构安装

①注意检查预埋件或锚固钢板的牢固，选用的锚栓质量要可靠，锚栓位置不宜靠近钢筋混凝土构件的边缘，钻孔孔径和深度要符合锚栓厂家的技术规定，孔内灰渣要清吹干净。

②每个构件安装位置和高度都应严格按照放线定位和设计图纸要求进行。最主要的是承重钢横梁的中心线必须与幕墙中心线相一致，并且椭圆螺孔中心要与设计的吊杆螺栓位置一致。

③内金属扣夹安装必须通顺平直。要用分段拉通线校核，对焊接造成的偏位要进行调直。外金属扣夹要按编号对号入座试拼装，同样要求平直。内外金属扣夹的间距应均匀一致，尺寸符合设计要求。

④所有钢结构焊接完毕后，应进行隐蔽工程质量验收，请监理工程师验收签字，验收合格后再涂刷防锈漆。

（3）下部和侧边边框安装

要严格按照放线定位和设计标高施工，所有钢结构表面和焊缝刷防锈漆。将下部边框内的灰土清理干净。在每块玻璃的下部都要放置不少于 2 块氯丁橡胶垫块，垫块宽度同槽口宽度，长度不应小于 100mm。

（4）玻璃安装就位

①玻璃吊装

大型玻璃的安装是一项十分细致、精确的整体组织施工。施工前要检查每个工位的人员到位，各种机具工具是否齐全正常，安全措施是否可靠。高空作业的工具和零件要有工具包和可靠放置，防止物件坠落伤人或击破玻璃。待一切检查完毕后方可吊装玻璃。

a. 再一次检查玻璃的质量,尤其要注意玻璃有无裂纹和崩边,吊夹铜片位置是否正确。用干布将玻璃的表面浮灰抹净,用记号笔标注玻璃的中心位置。

b. 安装电动吸盘机。电动吸盘机必须定位,左右对称,且略偏玻璃中心上方,使起吊后的玻璃不会左右偏斜,也不会发生转动。

c. 试起吊。电动吸盘机必须定位,然后应先将玻璃试起吊,将玻璃吊起 2 ~ 3cm,以检查各个吸盘是否都牢固吸附玻璃。

d. 在玻璃适当位置安装手动吸盘、拉缆绳索和侧边保护胶套。玻璃上的手动吸盘可使玻璃在就位时,在不同高度工作的工人都能用手协助玻璃就位。拉缆绳索是为了玻璃在起吊、旋转、就位时,工人能控制玻璃的摆动,防止玻璃受风力和吊车转动发生失控。

e. 在要安装玻璃处上下边框的内侧粘贴低发泡间隔方胶条,胶条的宽度与设计的胶缝宽度相同。粘贴胶条时要留出足够的注胶厚度。

②玻璃就位

a. 吊车将玻璃移近就位位置后,司机要听从指挥长的命令操纵液压微动操作杆,使玻璃对准位置徐徐靠近。

b. 上层工人要把握好玻璃,防止玻璃在升降移位时碰撞钢架。待下层各工位工人都能把握住手动吸盘后,可将拼缝一侧的保护胶套摘去。利用吊挂电动吸盘的手动倒链将玻璃徐徐吊高,使玻璃下端超出下部边框少许。此时,下部工人要及时将玻璃轻轻拉入槽口,并用木板隔挡,防止与相邻玻璃碰撞。另外,有工人用木板依靠玻璃下端,保证在倒链慢慢下放玻璃时,玻璃能被放入底框槽口内,要避免玻璃下端与金属槽口磕碰。

c. 玻璃定位。安装好玻璃吊夹具,吊杆螺栓应放置在标注在钢横梁上的定位位置。反复调节吊杆螺栓,使玻璃提升和正确就位。第一块玻璃就位后要检查玻璃侧边的垂直度,以后就位的玻璃只需检查与已就位好的玻璃上下缝隙是否相等,且符合设计要求。

d. 安装上部外金属夹扣后,填塞上下边框外部槽口内的泡沫塑料圆条,使安装好的玻璃能临时固定。

(5)注密封胶

①所有注胶部位的玻璃和金属表面都要用丙酮或专用清洁剂擦拭干净,不能用湿布和清水擦洗,注胶部位表面必须干燥。

②沿胶缝位置粘贴胶带纸带,防止硅胶污染玻璃。

③要安排受过训练的专业注胶工施工,注胶时应内外双方同时进行,注胶要匀速、匀厚,不夹气泡。

④注胶后用专用工具刮胶,使胶缝呈微凹曲面。

⑤注胶工作不能在风雨天进行,防止雨水和风沙侵入胶缝。另外,注胶也不宜在低于 5℃ 的低温条件下进行,温度太低胶液会发生流淌,延缓固化时间,甚至会影响拉伸强度。严格遵照产品说明书要求施工。

⑥耐候硅酮嵌缝胶的施工厚度应介于 35 ~ 45mm 之间,太薄的胶缝对保证密封质量和防止雨水不利。

⑦胶缝的宽度通过设计计算确定,最小宽度为 6mm,常用宽度为 8mm,对受风荷载较大或地震设防要求较高时,可采用 10mm 或 12mm。

⑧结构硅酮密封胶必须在产品有效期内使用,施工验收报告要有产品证明文件和记录(图 8-32、图 8-33)。

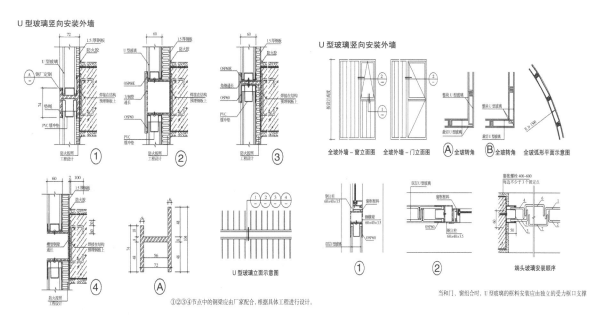

图 8-32 玻璃幕墙安装结构图　　　　　　　　　图 8-33 玻璃幕墙安装结构图

【案例点评】

贝聿铭设计建造的玻璃金字塔，位于卢浮宫广场，壮丽的景观吸引了全世界的注意，成为巴黎的新地标。

卢浮宫广场玻璃金字塔高 21m，底宽 30m，耸立在庭院中央。它的四个侧面由 673 块菱形玻璃拼组而成。总平面面积约有 2000m²。塔身总重量为 200 吨，其中玻璃净重 105 吨，金属支架仅有 95 吨。换言之，支架的负荷超过了它自身的重量。因此行家们认为，这座玻璃金字塔不仅是体现现代艺术风格的佳作，也是运用现代科学技术的独特尝试。在这座大型玻璃金字塔的南北东三面还有 3 座 5m 高的小玻璃金字塔作点缀，与 7 个三角形喷水池汇成平面与立体几何图形的奇特美景。使整个广场有静有动，将古典建筑与现代设施融为一体，交相辉映，把原来过分严肃深沉的广场变成了生机盎然的院落。尽管最初方案的提出遭到大量反对的浪潮，贝聿铭一直坚持自己的意见。1984 年的五一节，当时的巴黎市长希拉克请贝聿铭在卢浮宫前做了一个金字塔模型，邀 6 万巴黎人前往参观投票表示意见。结果多数公众同意这个设计，这才过了关。又过了 4 年，经过细心设计、施工，到 1988 年 7 月 3 日，地下车库和咖啡厅等各种设施，地上玻璃金字塔及喷水池等，才一应俱全，全部竣工。当竣工完成整体呈现在人们面前时，人们不但不再指责他，而且称"卢浮宫院内飞来了一颗巨大的宝石"（图 8-34 至图 8-36）。

图 8-34 蓝天下的玻璃金字塔　　　　图 8-35 玻璃金字塔夜景　　　　图 8-36 晚霞中的玻璃金字塔

Philip Johnson 设计的玻璃屋（Glass House）凭借它那完美的比例和简洁性，被誉为现代最杰出的建筑作品之一。Johnson 为自己在美国康涅狄克州的新迦南建造了面积达 47 英亩的房产，整个建造过程历时 50 年，玻璃屋是基地上总共 14 栋建筑中的第 1 栋。

玻璃屋于 1949 年建成，是 Johnson 在基地上设计的第一栋建筑。这栋一层房屋的地板长宽是 32 英尺 x56 英尺，用 18 英尺宽的全高（从地板到天花板）玻璃板围合，玻璃板使用碳钢支柱和工字梁固定。玻璃屋拥有许多精美特征，例如透明的玻璃板产生了一系列生动活泼的映像，这包括周围的那些树木，屋内外行走的人等，这些映像相互叠加，如果围绕房屋走动会有一种移步换景的感觉。除了砖造圆柱形结构体外（其上一边有浴室入口，另一边有壁炉），站在户外可以看清玻璃屋室内的全部。室内地板到天花板的高度是 10.5 英尺，砖造圆柱形结构体从屋顶突出。室内地板由红砖按人字斜纹图案铺砌而成，高出地平面 10 英寸。建筑师极其小心地使用矮柜和书架分割室内空间，将玻璃屋变成一个单一的开放房间。这一设计使玻璃

图 8-37 远眺玻璃屋　　　　　　　　图 8-38 玻璃屋内景

屋四个方向都可以通风，还带来了充足的光线（图 8-37、图 8-38）。

虽然玻璃屋是基地上的主要吸引物，但 Johnson 也利用其周边的地块建造了另外 13 栋建筑，包括一栋客房、一间画廊以及一间雕塑馆。客房是一栋厚重的砖造结构体，与玻璃屋的明亮和透明形成强烈对比；它坐落在玻璃屋周边的草地上，依靠一条石头小路与玻璃屋连接。为使画廊不与玻璃屋争宠，它被掩藏在了地下，也使它变成了一间没有窗户的画廊。建筑师在基地上设计的其他值得注意的建筑还包括一间雕塑馆："一栋白砖造不对称结构体，拥有一个玻璃屋顶，由一系列相互咬合的房间围绕中间一个开放空间逐渐下沉构成"。

1997 年，玻璃屋被公开宣布成为一处国家历史地标。它那精美的建筑构成，以及周边优美的风光使其每天接受大量游客参观、体验。当看到玻璃屋与其他建筑平稳地融入地平线及周边美丽的风景中，会令人有激动的感觉。

玻璃装饰材料应用案例——新加坡：48 号北运河路

新加坡：48 号北运河路项目旨在建一个新的精品办公楼和重建一个双遗产名录下的临街店铺。WOHA 建筑事务所按照新加坡市区重建规划指导方针实施旧建筑拆除，并将此处设计成一个具有现代感的高品质项目。

原始楼层和天花板得到了保留。临街店铺被规划为会议室；服务区则用以建立一个机械化停车场；办公室布局在四楼，并将楼面板大小进行了最大化处理。这一设计不仅增加了室内的高度空间，同时可以让人们享受到阳光的温暖。每层的顶部被设计成屋顶花园，办公室的阁楼则作为娱乐休息室，在这里可以领略到公园的全景。

设计师是通过计算出内部墙壁和外部斜平面的高程，并将凹幕墙嵌在较底层的中庭空间。阴影区通过一个集成太阳屏幕墙，并由一系列的多孔铝面板控制。分组区域和会议室围绕公园建立，人们在轻松的氛

围下进行工作，给紧张的工作增添了一份生活的乐趣。这一公共区域分散了9层区域的人流，整体建筑变得更加合理和人性化（图8-39至图8-44）。

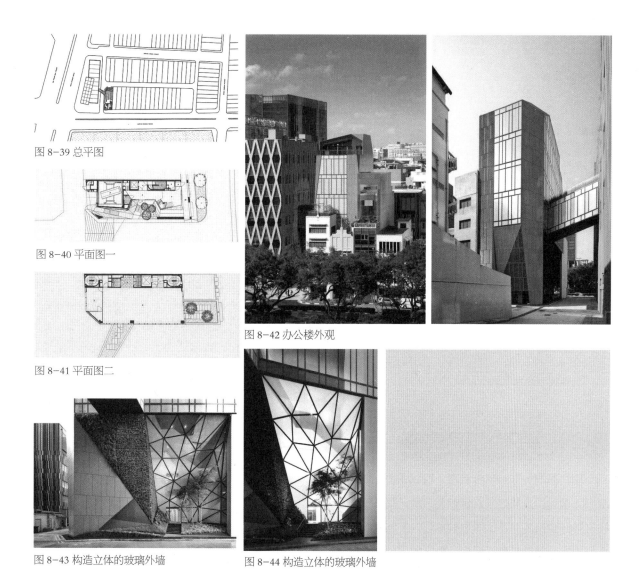

图8-39 总平图

图8-40 平面图一

图8-41 平面图二

图8-42 办公楼外观

图8-43 构造立体的玻璃外墙

图8-44 构造立体的玻璃外墙

【课后练习】

每个小组制作一份完整的PPT文件，并由一名组员代表讲解。老师和同学针对大家的汇报进行总结与点评。

【拓展阅读】

杨修春、李伟捷编著的《新型建筑玻璃》，中国电力出版社出版。该书收集了国内外有关新型建筑玻璃方面的研究文献，系统地讲述了新型建筑玻璃的制备工艺、理论基础和应用，主要内容包括：玻璃的组成、结构和性能、钢化玻璃、镀膜玻璃、低辐射玻璃、夹层玻璃、中空玻璃、防火玻璃、自清洁玻璃、微晶玻璃、泡沫玻璃等。《新型建筑玻璃》适用于从事玻璃生产、加工和研发的工程技术人员以及在校师生作为参考资料。

第 9 章　建筑装饰塑料及设计应用

学习目标

了解常用装饰塑料的特性与分类，以及其装饰应用特点。
了解熟悉常见的装饰塑料材料的施工工艺。

重难点

了解常用装饰塑料以及新型装饰塑料材料的特点和用途。
理解塑料地板的装饰施工工艺以及塑钢门窗的安装方法。

训练要求

了解塑料制品在装饰设计中的实际应用。

9.1　建筑装饰塑料制品

　　塑料是高分子有机化合物，以合成树脂或天然树脂为主要
原料，适当加入其他改性添加剂，经一定温度、压力塑制而成
的材料。塑料具有许多优良的物理力学性能和装饰性，在建筑
工程特别是建筑装饰工程中，被广泛应用，目前已经成为建筑
装饰材料的主要成员之一（图9-1）。

9.1.1 塑料概述

1．装饰塑料的特性

　　(1) 装饰可用性：塑料制品色彩绚丽丰富，表面平滑而富有
光泽，制品图案清晰。直、曲线条直则平齐规整，曲则柔和优
美。其次塑料制品可锯、钉、钻、刨、焊、粘，装饰安装施工
快捷方便，热塑性塑料还可以弯曲取塑，装饰施工质量易保证。
此外塑料制品耐酸、碱、盐和水的侵蚀，化学稳定性好，因而
美观耐用。非发泡型制品清洗便利、油漆方便（图9-2）。

图 9-1　有机玻璃制造海底通道

图 9-2　塑料颗粒

(2) 塑料装饰材料的感观特性：塑料与其他材料相比，具有相对较高的满意程度。塑料装饰材料可仿石、陶瓷、金属以及类纸类棉，模拟砖瓦，乔装花木。其卫生清洁，华丽美观，具备现代工业产品体质特征和适应现代化生活的可用性。

2. 塑料的分类

建筑塑料是化学建材的主要组成部分，包括塑料管、塑料门窗、建筑防水材料、隔热保温材料、装饰装修材料等，并主要用作装饰材料。

按制品的形态，建筑塑料总体可分为各种制品：薄膜制品、薄板制品、异形板材、异型管材、管材、泡沫塑料、模制品、复合板材、盒子制品、溶液或乳液。

9.1.2 塑料地板

(1) 塑料地板的特性与分类

20 世纪 70 年代初，塑料地面材料开始投放市场，以其花色新颖、价格低廉而受到用户的欢迎（图 9-3）。与其他地面装饰材质相比较，塑料地板有以下特性：

图 9-3　塑胶地板地毯纹地面

① 施工更为简便，工期缩短，加工成本低于石材。

② 防火性能更佳，火焰不扩散，抗烟头烫灼，燃烧时不产生有毒气体。

③ 更耐久，使用寿命为地毯的 5 倍以上。

④ 表面硬度，抗刮擦性能高于木材；清洁保养更容易，保养成本更低。

⑤ 地面阻力小，便于有轮推车运行；弹性好，脚感舒适；噪音低：噪声低于石材，噪声小，可降低 6 ～ 14 分贝，更有利于控制行走时产生的噪音。

⑥ 不易变形，尺寸稳定性较好；防滑，防结露，行走更安全。

⑦ 材质轻：重量为同面积石材的 1/20 ～ 1/30，尤适合于高楼或旧房改建。

⑧ 加工性能更好，可热焊处理，使接缝完全达到防水、防尘、防渗、防菌、防霉、防蛀的效果。

⑨ 装饰互换性好，色差、花纹、肌理之稳定性胜于石材；图案组合、色彩搭配更丰富，设计空间更大，图案、花纹之耐久性更佳。

⑩ 环保：材料来源于天然原料，可节约大量宝贵的天然木材。

塑料地板应用范围广，品种众多，如商用、家用地板，运动地板，抗静电地板，隔音地板等。不仅适用于居家和公共、娱乐场，还可用于医院、精密件加工厂房、运动场地等对地面材质有特殊要求的空间。

(2) 塑料地板的分类

① 按树脂分可分为：聚氯乙烯塑料地板、聚丙烯树脂塑料地板、氯化聚乙烯树脂塑料地板。

② 按生产工艺可分为：压延法、热压法和注射法。

③ 按材料可分为：硬质、半硬质片材和软质的卷材。

④ 按其外形可分为：块材地板和卷材地板。

9.1.3 常见装饰塑料

1. 装饰塑料地板

(1) 单色 PVC 块材地板

PVC 单色块材地板是以 PVC 为主要材料，掺增塑剂、稳定剂、填充料等经压延法、热压法或挤出法制成的硬质或半硬质塑料地板。其中常用的填充料为碳酸钙、硅灰石，也有用石膏为填料生产此类地板（图 9-4）。

PVC 单色块材地板的特点为：硬度较大，脚感略有弹性，行走无噪声；单层型的不翘曲，但多层型翘曲性稍大；耐凹陷、耐沾污（图 9-5）。

(2) 印花 PVC 块材地板是表面印刷有彩色图案的 PVC 地板。常见的有两种类型（图 9-6）：

① 印花贴膜型：该种印花块材地板由面层、印刷油墨层和底层构成。

② 印花压花型：该种地板表面没有 PVC 透明的膜层，印刷图案是采用凸出较高的印刷辊，印花的同时压出立体花纹（图 9-7）。

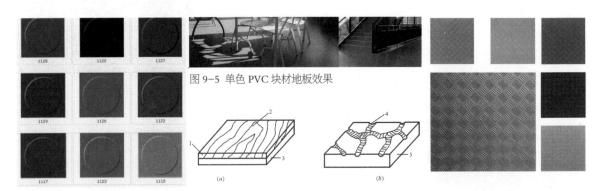

图 9-5 单色 PVC 块材地板效果

图 9-4 单色 PVC 块材地板   图 9-6 印花 PVC 块材地板结构   图 9-7 印花压花型 PVC 地板

(3) 碎粒花纹地砖

碎粒花纹地砖是一种花纹透底型地砖，花纹不会因磨损而消失。它生产所用的原料与 PVC 石棉地砖相同，工艺则不一样。首先将原料辊炼后破碎成不成规则形状的各色碎粒，将不同颜色的碎粒混合，然后将混合料压延成片，进行上蜡、抛光后冲切成地砖，这样，表面便具有特殊的花纹（图 9-8）。

(4) PVC 软质卷材地板

软质 PVC 卷材地板一般用压延法生产。其中填料较少，增塑剂较 PVC 地砖多。一般采用四辊压延机厂塑化的 PVC，经压延后表面平整光洁，冷却后切边卷取。软质 PVC 卷材地板材质较软，有一定弹性，脚感舒适，但表面耐烟头性不及 PVC 地砖。

图 9-8 碎粒花纹地砖

(5) 印花发泡塑料地板

多为一种半硬质的塑料地板。主要原料也是用 PVC 树脂，不同的是除表面层印花装饰处理外，中间层为加有 2% 的 AC 发泡剂的 PVC 糊，在压延加热时形成 PVC 泡沫层，以提高地板的弹性和隔音、隔热性，基层用石棉纸、无纺布或玻璃纤维布等。为增加表面印花图案的立体效果，采用化学压花，使图案或花形富有立体感（图9-9）。

⑹ 亚麻地板

亚麻地板是弹性地材的一种，它的成分为：亚麻籽油、石灰石、软木、木粉、天然树脂、黄麻。天然环保是亚麻地板最突出的特点，具有良好的耐烟蒂性能。亚麻目前以卷材为主，是单一的同质透心结构（图9-10）。

⑺ WPC 塑木地板

一种以环保石塑地板为面层，防水环保木塑板为基材的创新聚合体——塑木锁扣地板。木塑是以麦秸、锯末、木屑、竹屑、稻壳、大豆皮、花生壳、甘蔗渣、棉秸秆等低值生物质纤维为主原料，与塑料合成的一种复合材料。它同时具备植物纤维和塑料的优点，适用范围广泛（图9-11）。

2．塑料装饰板材

塑料装饰板材是指以树脂为浸渍材料或以树脂为基材，采用一定的生产工艺制成的具有装饰功能的板材。

塑料装饰板材按原材料的不同可分为塑料金属复合板、硬质 PVC 板、三聚氰胺层压板、玻璃钢板、聚碳酸酯采光板、有机玻璃装饰板、复合夹层板等类型。按结构和断面形式可分为平板、波形板、实体异型断面板、中空异型断面板、格子板、夹心板等类型。

硬质 PVC 板主要用作护墙板、屋面板和平顶板。主要有透明和不透明两种：透明板是以 PVC 为基料，掺加增塑剂、抗老化剂，经挤压而成型；不透明板是以 PVC 为基材，掺入填料、稳定剂、颜料等，经捏和、混炼、拉片、切粒、挤出或压延而成型。

⑴ 平板（亚克力）

硬质 PVC 平板是一种开发较早的重要热塑性塑料，板表面光滑、色泽鲜艳，具有较好的透明性、化学稳定性和耐候性，不变形、易清洗、防水、耐腐蚀，同时具有良好的施工性能，可锯、刨、钻、钉，在建筑业中有着广泛的应用（图9-12）。

亚克力可用作橱窗、隔音门窗、采光罩、广告灯箱、招牌、指示牌。亚克力还可以用作家具制作材料，并且是继陶瓷之后能够制造卫生洁具的最好的新型材料（图9-13、图9-14）。

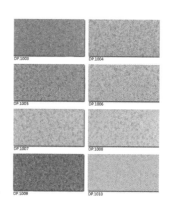
图9-9 印花发泡塑料地板

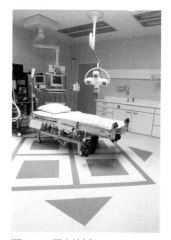
图9-10 亚麻地板

图9-11 塑木地板

图9-12 亚克力板

图9-13 亚克力家具

图9-14 亚克力洁具

(2) 波形板

硬质 PVC 波形板是具有各种波形断面的板材（图 9-15）。

硬质 PVC 波形板有两种基本结构：一种是纵向波形板，其宽度为 900～1300mm，长度没有限制；另一种为横向波形板，其宽度为 800～1500mm，横向波形板的波幅尺寸小，可以成卷放置。

(3) 异型板

硬质 PVC 异型板有两种基本结构：一种为单层异型板，另一种为中空异型板（图 9-16）。

(4) 玻璃钢板

玻璃钢（简称 GRP）是以合成树脂为基体，以玻璃纤维或其制品为增强材料，经成型、固化而成的固体材料。

玻璃钢装饰制品具有良好的透光性和装饰性；其强度高、质量轻；其成型工艺简单灵活；具有良好的耐化学腐蚀性和电绝缘性；耐湿、防潮。常用的玻璃钢装饰板材有波形板、格子板、折板等（图 9-17）。

(5) 聚碳酸酯采光板

聚碳酸酯采光板是以聚碳酸酯塑料为基材，采用挤出成型工艺制成的栅格状中空结构异型断面板材，常用的板面规格为 5800 mm×1210mm。

聚碳酸酯采光板的特点为轻、薄、刚性大、不易变形；色调多，外观美丽；透光性好，耐候性好。适用于遮阳棚、大厅采光天幕、游泳池和体育场馆的顶棚、大型建筑和蔬菜大棚的顶罩等（图 9-18）。

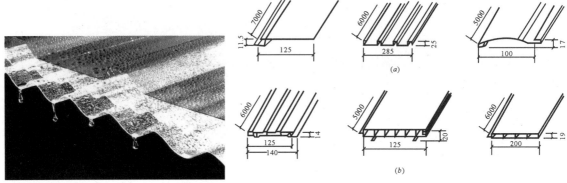

图 9-16 硬质 PVC 异型板结构

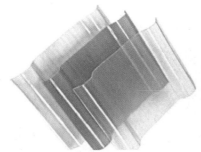

图 9-15 防雨遮阳板

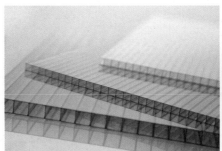

图 9-17 玻璃钢瓦

图 9-18 聚碳酸酯光板

⑥ 三聚氰胺层压板

三聚氰胺层压板亦称纸质装饰层压板或塑料贴面板，是以厚纸为骨架，浸渍酚醛树脂或三聚氰胺甲醛等热固性树脂，多层叠合经热压固化而成的薄型贴面材料。三聚氰胺层压板的结构为多层结构，即表层纸、装饰纸和底层纸。

三聚氰胺层压板按其表面的外观特性分为有光型（代号 Y）、柔光型（代号 R）、双面型 (S)、滞燃型 (Z) 四种型号。

按用途的不同，三聚氰胺层压板又可分为三类，分别为平面板（代号 P）、立面板（代号 L）、平衡面板（代号 H）。

三聚氰胺层压板常用于墙面、柱面、台面、家具、吊顶等饰面工程（图 9-19 ）。

⑦ 格子板

硬质 PVC 格子板是将硬质 PVC 平板在烘箱内加热至软化，放在真空吸塑模上，利用板上下的空气压力差使硬板吸入模具成型，然后喷水冷却定型，再经脱模、修整而成的方形立体板材（图 9-20 ）。

格子板常用的规格为 500mm×500mm，厚度为 3mm。

格子板常用作体育馆、图书馆、展览馆或医院等公共建筑的墙面或吊顶。

⑧ 塑铝板

塑铝板是一种以 PVC 塑料作心板，正、背两表面为铝合金薄板的复合板材。厚度为 3mm、4mm、5mm 和 6mm。

主要特点为质量轻，坚固耐久；可自由弯曲，弯曲后不反弹；装饰性好，而且有较强的耐候性，可锯、铆、刨（侧边）、钻，可冷弯、冷折，易加工、组装、维修和保养 。

广泛地应用于建筑物的外幕墙和室内外墙面、柱面和顶面的饰面处理（图 9-21 ）。

图 9-19 三聚氰胺层压板浴室柜

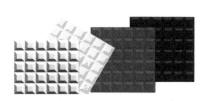

图 9-20 格子板

图 9-21 塑铝板

3．塑料墙纸

塑料壁纸是以一定的材料为基材，表面进行涂塑后，再经过压延、涂布以及印刷、轧花、发泡等工艺而制成的一种墙面装饰材料。

它与传统的植物纤维壁纸相比，有以下特点：

① 装饰效果好；

② 性能优越；

③ 粘贴方便;

④ 使用寿命长,易维修保养。

⑴ 普通塑料壁纸

普通塑料壁纸是以 80g/cm² 的纸作基材,涂以 100g/cm² 左右的聚氯乙烯糊状树脂,经印花、压花等工序制成(图 9-22)。

图 9-22 塑料壁纸

普通塑料壁纸包括以下几类:

① 单色压花墙纸;

② 印花压花墙纸;

③ 有光印花和平光印花墙纸。

⑵ 发泡塑料墙纸

发泡墙纸是以 100g/cm² 的纸为基材,涂塑上 300 ～ 400g/cm² 掺有发泡剂的聚氯乙烯糊状料,经印花后,再加热发泡而成。发泡塑料墙纸有高发泡印花、低发泡印花、低发泡印花压花等品种(图 9-23)。

图 9-23 发泡墙纸

① 高发泡墙纸是一种装饰、吸声多功能墙纸,纸表面呈富有弹性的凹凸状。常用于影剧院和住房天花板等装饰。

② 低发泡印花墙纸是在发泡平面上印有花纹图案,形如浮雕、木纹、瓷砖等效果。适用于室内墙裙、客厅和内走廊的装饰。

⑶ 特种墙纸

特种墙纸常用的有:耐水墙纸、防火墙纸、彩色砂粒墙纸、植绒壁纸、风景壁画墙纸等。

① 耐水墙纸是用玻璃纤维毡为基材,适应于卫生间、浴室等墙面的装饰材料。

② 防火墙纸具有一定的阻燃、防火性能,适用于防火要求较高的建筑和木板面装饰材料。

图 9-24 沙粒墙纸

③ 表面彩色砂粒墙纸是在基材上散布彩色砂粒,再喷涂黏结剂,使表面具有砂粒毛面,一般用作门厅、柱头、走廊等局部装饰(图 9-24)。

④ 蓄光墙纸是用无机质的酸性化合物为颜料制作,能够在明亮中蓄积光线,暗淡后重新释放(图 9-25)。

图 9-25 蓄光墙纸

4. 塑料墙纸的规格及技术要求

⑴ 塑料墙纸的规格

窄幅小卷:幅宽 530 ～ 600mm,长 10 ～ 12m,每卷 5 ～ 6m²。

中幅小卷:幅宽 760 ～ 900mm,长 25 ～ 50m,每卷 25 ～ 45m²。

宽幅大卷:幅宽 920 ～ 1200mm,长 50m,每卷 46 ～ 50m²。

⑵ 塑料墙纸的技术要求

① 外观;

② 褪色性试验;

③ 耐摩擦性;

④ 湿强度；

⑤ 可擦性；

⑥ 施工性。

塑料墙纸使用时应注意其燃烧性等级、老化特性，防止其老化褪色或老化开裂的现象。还应注意其封闭性，有时常出现由于塑料墙体材料的封闭性，破坏了砖墙体及混凝土墙体的呼吸效应，使室内空气干燥，空气新鲜程度下降，令人产生不适感的现象（表9-1）。

5. 塑料门窗

塑料门窗主要是采用 PVC 树脂为胶结料，以轻体碳酸钙为填料，加入适量的各种添加剂，经混炼、挤出、冷却定型成异型材后，再经切割组装而成。

⑴ 塑料门的品种

塑料门按其结构形式分为镶板门、框板门和折叠门；按其开启方式分为平开门、推拉门和固定门。此外还分有带纱扇门和不带纱扇门、有槛门和无槛门等（图9-26）。

⑵ 塑料窗的品种

表 9-1　塑料墙纸的技术要求

项目	技术指标		备注
	一级品	二级品	
规格 (mm)	宽度：920、1000、1200 长度：5000		本标准为北京市企业标准（1983年发布）
施工性能	不得有浮起和剥落		
褪色性	20h 以上无变色褪色	20h 以上无明显变色褪色	
耐摩擦性能	干磨25次，湿磨2次无明显掉色	干磨25次，湿磨2次有轻微掉色	
湿抗拉强度（N/15mm）	纵横向: 1.96以上		

塑料窗按其结构形式分有平开窗（包括内开窗、外开窗、滑轴平开窗）、推拉窗（包括上下推拉窗、左右推拉窗）、上旋窗、下旋窗、垂直滑动窗、垂直旋转窗、固定窗等。此外，平开窗和推拉窗还分有带纱扇窗和不带纱扇窗两种（图9-27）。

图 9-26　塑钢门

外开　　内倒　　内开内倒

单开内倒　外翻　　推拉

图 9-27　塑钢窗

图 9-28　塑料百叶窗

⑶ 其他塑料门窗

其他塑料门窗包括：PVC 软质塑料门，塑料工艺门，塑料百叶窗。此外，塑料门窗还分有全塑门窗和复合塑料门窗（图9-28）。

6. 特殊塑料制品

⑴ 张拉膜

张拉膜又称张拉膜结构，是一种建筑与结构完美结合的结构体系，它是用高强度柔性薄膜材料与支撑体系相结合形成具有一定刚度的稳定曲面，能承受一定外荷载的空间结构形式。膜结构一改传统建筑材料而使用膜材，其重量只是传统建筑的三十分之一。而且膜结构可以从根本上克服传统结构在大跨度（无支撑）建筑上实现时所遇到的困难，可创造巨大的无遮挡的可视空间。

张拉膜具有造型自由、轻巧、柔美，充满力量感，阻燃、制作简易、安装快捷、节能、安全等优点。膜结构的出现为建筑师们提供了超出传统建筑模式以外的新选择，因而使它在世界各地受到广泛应用。

膜材料是指以聚酯纤维基布或 PVDF、PVF、PTFE 等不同的表面涂层，配以优质的 PVC 组成的具有稳定的形状，并可承受一定载荷的建筑纺织品。它的寿命因不同的表面涂层而异，一般可达成 12 ～ 50 年。这种结构形式特别适用于大型体育场馆、入口廊道、小品、公众休闲娱乐广场、展览会场、购物中心等领域（图 9-29）。

图 9-29　张拉膜建筑

⑵ ETFE 膜（四氟乙烯聚合物）

ETFE 的中文名为乙烯 - 四氟乙烯共聚物。ETFE 膜材的厚度通常小于 0.20mm，是一种透明膜材。ETFE 膜材常做成气垫应用于膜结构中。最早的 ETFE 工程已有 20 余年的历史，而最著名的要数英国的伊甸园（图 9-30）。

图 9-30　英国的伊甸园

ETFE膜的出现为现代建筑提供了一个创新解决方案。由这种膜材料制成的屋面和墙体质量轻，只有同等大小的玻璃质量的 1%；韧性好、抗拉强度高、不易被撕裂，延展性大于 400%；耐候性和耐化学腐蚀性强，熔融温度高达 200℃，并且不会自燃。

作为大型比赛场馆的建筑材料用 ETFE 膜，更大的优势还在于它们可以加工成任何尺寸和形状，满足大跨度的需求，节省了中间支承结构。作为一种充气后使用的材料，它可以通过控制充气量的多少，对遮光度和透光性进行调

图 9-31　德国安联球场 (Allianz Arena)

节，有效地利用自然光，节省能源，同时起到保温隔热作用。不仅如此，这种膜还具有自清洁功能，使灰尘不易附在其表面，清洁周期大约为 5 年。其材料的另一大优点就是可在现场预制成薄膜气泡，方便施工和维修。另外成本合理也是其极具竞争力的另一优势，覆盖层加上结构的费用只有玻璃的一半，而使用寿命却长达 25 年（图 9-31）。

9.2　常用装饰塑料施工工艺

9.2.1　塑胶地板施工工艺

1．地坪检测

检查塑胶地板铺设环境是否符合安装条件（温度、湿度等）。铺设地坪是否符合安装条件（含水率、强度、硬度、平整度等）。如不满足条件，需采用自流平来处理原有地坪。

2．地坪预处理

① 打磨：地坪打磨机对地坪进行整体打磨，除去油漆、胶水等残留物，凸起和疏松的地块，有空鼓的地块也必须去除（图 9-32）。

② 清洁：对地坪进行吸尘清洁。

③ 修补：对于地坪上的裂缝，可采用不锈钢加强筋以及聚氨酯防水型黏合剂表面铺石英砂进行修补。

图 9-32　地坪检测、地面打磨

3．自流平施工

① 打底：对于不同基层地面使用相应的多用途界面处理剂进行基层处理。

② 搅拌（图 9-33）。

③ 铺设：将搅拌好的自流平浆料倾倒在施工的地坪上，它将自行流动并找平地面，随后应让施工人员穿上专用的钉鞋，进入施工地面，用专用的自流平放气滚筒在自流平表面轻轻滚动，将搅拌中混入的空气放出，避免气泡

图 9-33　自流平打底、搅拌

麻面及接口高差。施工完毕后请立即封闭现场，5 小时内禁止行走，10 小时内避免重物撞击，24 小时后可进行 PVC 地板的铺设（图 9-34）。

4．地板的铺装——预铺及裁割

① 无论是卷材还是块材，都应放置 24 小时以上，使材料记忆性还原，温度与施工现场一致。

② 使用专用的修边器对卷材的毛边进行切割清理。

③ 块材铺设时，两块材料之间应紧贴并没有接缝。

④ 卷材铺设时，两块材料的搭接处应采用重叠切割，一般是要求重叠 3 厘米。注意保持一刀割断。

5．地板的铺装——粘贴

① 卷材铺贴时，将卷材的一端卷折起来。先清扫地坪和卷材背面，然后刮胶于地坪之上。

② 块材铺贴时，将块材从中间向两边翻起，同样将地面及地板背面清洁后上胶粘贴（图 9-35）。

6．地板的铺装——排气、滚压

① 地板粘贴后，先用软木块推压地板表面进行平整并挤出空气。

② 随后用 50kg 或 75kg 的钢压辊均匀滚压地板并及时修整拼接处翘边的情况。

③ 地板表面多余的胶水应及时擦去。

④ 24 小时后，再进行开槽和焊缝（图 9-36）。

7．地板的铺装——开缝

① 开槽必须在胶水完全固化后进行。使用专用的开槽器沿接缝处进行开槽，为使焊接牢固，开缝不应透底，

图 9-34　自流平铺设、排气　　　图 9-35　地板铺贴　　　图 9-36　地板滚压排气

建议开槽深度为地板厚度的 2/3。

② 在开缝器无法开刀的末端部位，请使用手动开缝器以同样的深度和宽度开缝（图 9-37）。

③ 焊缝之前，须清除槽内残留的灰尘和碎料。

8．地板的铺装——焊缝

图 9-37 开缝　　　　　图 9-38 焊接

① 以适当的焊接速度（保证焊条熔化），匀速将焊条挤压入开好的槽中。

② 在焊条半冷却时，用焊条修平器或月型割刀将焊条高于地板平面的部分大体割去。

③ 当焊条完全冷却后，再使用焊条修平器或月型割刀把焊条余下的凸起部分割去 （图 9-38）。

9.2.2 塑钢门窗安装工艺

1．施工墙准备工作

⑴ 技术准备

① 塑钢门窗安装前，应先认真熟悉图纸，核实门窗洞口位置洞口尺寸，检查门窗的型号、规格、质量是否符合设计要求，如图纸对门窗框位置无明确规定时，施工负责人根据工程性质及使用具体情况，作统一交底，明确开向、标高及位置墙中、里平或外平等。

② 安装门窗框前，墙面要先冲标筋，安装时依标筋定位。

③ 二层以上建筑物安装门窗框时，上层框的位置要用线坠等工具与下层框吊齐、对正；在同一墙面上有几层窗框时，每层都要拉通线找平窗框的标高（图 9-39）。

⑵ 材料要求

① 塑钢门窗的制作和安装必须按设计和有关图集要求选料和制作；窗型材壁厚 ≥ 1.2mm，门型材壁厚 ≥ 1.5mm，不得用小料代替大料，不得用塑料型材代替塑钢型材（图 9-40）。

② 塑钢型材表面应经过处理，表观光滑、色彩统一。

③ 塑钢门窗的密封材料，可选用硅酮胶、聚硫酯胶、聚氨酯胶、丙烯酸等；密封条可选用橡胶条、橡塑条等。

80 推拉窗　　60 平开窗　　60 推拉门

88 推拉窗　　60 平开门　　平开上弦窗

图 9-39 塑钢门窗

图 9-40 塑钢门窗材料展示

④ 窗框下料时，要考虑窗框加工制作的尺寸，应比已留好的窗洞口尺寸每边小 20 ～ 25mm（此法为后收口方法）或 5 ～ 8mm（采用膨胀螺丝固定门窗），窗框的横、竖料都要按照这个尺寸来裁切，以保证安装合适。

2．塑钢窗安装工艺

（1）工艺流程（图9-41）

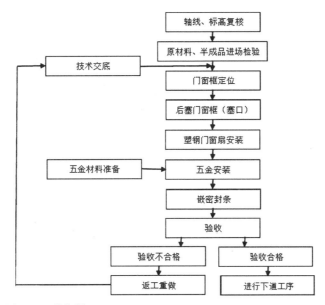

图9-41 工艺流程

（2）操作工艺

① 立门窗框前要看清门窗框在施工图上的位置、标高、型号、门窗框规格、门扇开启方向以及门窗框是内平、外平或是立在墙中等，根据图纸设计要求在洞口上弹出立口的安装线，照线立口。

② 预先检查门窗洞口的尺寸、垂直度及预埋件数量。

③ 塑钢门窗框安装时用木楔临时固定，待检查立面垂直、左右间隙大小、上下位豁一致，均符合要求后，再将镀锌锚固板固定在门窗洞口内。

④ 塑钢门窗与墙体洞口的连接要牢固可靠，门窗框的铁脚至框角的距离不应大于180mm，铁脚间距应小于600mm。

⑤ 塑钢门窗框上的锚固板与墙体的固定方法有预埋件连接、燕尾铁脚连接、金属膨胀螺栓连接、射钉连接等固定方法，当洞口为砖砌体时，不得采用射钉固定。

⑥ 塑钢门、窗框与洞口的间隙，应采用矿棉条或玻璃棉毡条分层填塞，缝隙表面留5～8mm深的槽口嵌填密封材料。

⑦ 塑钢门、窗安装前须进行检查，翘曲超过2mm的经处置后才能使用。

⑧ 推拉门、窗扇的安装：将配好的门、窗扇分内扇和外扇，先将外扇插入上滑道的外槽内，自然下落于对应的下滑道的外滑道内，然后再用同样方法安装内扇。

⑨ 平开门、窗扇的安装 先把合页按要求位置固定在塑钢门、窗框上，然后将门、窗扇嵌入框内临时固定，调整合适后，再将门、窗扇固定在合页上，必须保证上、下两个转动部分在同一轴线上。

⑩ 地弹簧门扇安装：先将地弹簧主机埋设在地面内，浇筑混凝土使其固定。主机轴应与中横档上的顶轴在同一垂线上，主机表面与地面齐平，待混凝土达到设计强度后，调节上门顶轴将门扇装上，最后调整门扇间隙及门窗开启速度。

⑪安装门窗扇时，扇与扇、扇与框之间要留适当的缝隙，一般情况下，留缝限值≤2mm，无下框时门扇与地面间留缝4～8mm；

⑫塑钢门、窗各杆件的连接均是采用螺钉、铝拉铆钉来进行固定，因此在门、窗的连接部位均需进行钻孔。钻孔前，应先在工作台或铝型材上画好线，量准孔眼的位臵，经核对无误后再进行钻孔；钻孔时要保持钻头垂直。

⑬塑钢门、窗交工之前，应将型材表面的塑料胶纸撕掉，如果塑料胶纸在型材表面留有胶痕，宜用香蕉水清洗干净。

⑭塑钢门窗横竖杆件交接处和外露的螺钉头，均需注入密封胶，并随时将塑钢门窗表面的胶迹清理干净。

⑮安装五金配件时，应先在框、扇杆件上钻出略小于螺钉直径的孔眼，然后用配套的自攻螺钉拧入，严禁将螺钉用锤直接打入。

⑯门锁安装，应在门扇合页安装完后进行。

【案例点评】

1. 扎哈·哈迪德作品——曼彻斯特 JS Bach Chamber 室内音乐厅

2009 年 7 月，一年一度的曼彻斯特国际音乐节正在举行。应音乐节主办方邀请，伊拉克裔天才女设计师扎哈·哈迪德（Zaha Hadid）为曼彻斯特美术馆内的巴赫音乐厅制作了庞大的装置艺术：一个巨大的白色纤维材质曲面体如同旋风般从观众席与表演台之间盘旋而上，直至天花板。

扎哈·哈迪德创造了独特的 Chamber 音乐厅设计，音乐厅的舞台材质使用了亚克力面板反射和分散声音，整个音乐厅结构像飘舞的丝带般，动感十足，无色系色调则更突显其简洁时尚的魅力（图 9-42）。

图 9-42 曼彻斯特 JS Bach Chamber 室内音乐厅效果

2. 苏州科技文化艺术中心

科文中心位于中新·苏州工业园区金鸡湖畔的文化水廊景区，临水而筑。地块呈椭圆形，伸入湖面之中，占地 61005m²，总建筑面积约 110000m²(其中地下部分约 30000m²)。方案由世界著名建筑大师保罗·安德鲁 (Paul Andreu) 设计，设计理念中最核心的就是"一颗珍珠、一段墙和一个园林"。这三个苏州的传统元素体现了科技文化艺术中心在建筑美学上的立意。科文中心造型为一独具匠心的开口向湖心延伸的椭圆形建筑，外形呈"新月牙"状，与金鸡湖湖面相呼应，核心是一块花园环抱的"玻璃岩"。整幢建筑设计理念新颖，形象鲜明，造型简洁、明快，犹如金鸡湖上的一颗璀璨明珠，气度非凡。

整个建筑气势宏伟，曲直结合，新月形金属弧面烘托出珍珠岩被呵护的柔美，建筑围裹在富有立体感的镂空铝板中，充满神秘感；夜晚，镶嵌在镂空铝板中的不断变换色彩的 LED 景观灯的透射下，使建筑更精致、独特（图 9-43）。

3. 国家游泳中心

国家游泳中心又被称为"水立方"（Water Cube），位于北京奥林匹克公园内，是北京为 2008 年夏季奥运会修建的主游泳馆，也是 2008 年北京奥运会标志性建筑物之一。它的设计方案，是经全球设计竞赛产生的。2003 年 12 月 24 日开工，在 2008 年 1 月 28 日竣工。其与国家体育场 (俗称鸟巢) 分列于北京城市中轴线北端的两侧，共同形成相对完整的北京历史文化名城形象。

"水立方"是北京奥运会国家游泳中心，其膜结构是世界之最。它是根据细胞排列形式和肥皂泡天然结构设计而成的，这种形态在建筑结构中从来没有出现过，创意十分奇特（图 9-44）。

图 9-43 苏州科技文化艺术中心

图 9-44 国家游泳中心

【课后练习】

要求同学们通过查阅资料、考察建材市场，针对常用建筑塑料板材以及市场出现的新型建筑塑料板材制作一份调研报告。并要求以学校内的某栋建筑为目标，将该建筑中涉及使用的塑料材料列表说明，并解释其使用的目的。

【拓展阅读】

《新建筑》经国家新闻出版总署批准，由华中科技大学主办，1983 年创刊，国内外公开发行，是一份具有较大社会影响的建筑学专业期刊。30 多年来，《新建筑》不但以其内容丰富、质量上乘获得建筑界的高度评价，而且还因严守规范、勇于创新的高水平编辑质量得到科技期刊界的赞誉。《新建筑》先后获得多项国家级、省级优秀科技期刊称号，为 2000 年版全国中文核心期刊、中国科技核心期刊，并入选《科技文献速报》《中国学术期刊综合评价数据库》《中国期刊全文数据库》《中国科学引文数据库》以及万方核心期刊数据库等国内重要数据库。

　　《新建筑》主要以介绍建筑设计、城市设计、环境设计的新理论、新方法、新作品以及建筑教育改革的新尝试为己任。作为一份建筑科学类的学术期刊，《新建筑》带给读者的是新鲜学术空气的广角视窗。

第 10 章　常用建筑装饰纤维制品及施工工艺

学习目标

了解常用建筑装饰纤维织物制品的分类，熟悉不同纤维织物制品的装饰应用特点。
了解熟悉常用纤维织物制品的选用及施工工艺。

重难点

了解地毯、墙布与纤维材质装饰板的主要分类及其特点。
理解地毯、墙布与纤维材质装饰板的相关施工工艺。

训练要求

了解纤维织物制品在装饰设计中的实际应用。

10.1　常用建筑装饰纤维织物与制品

10.1.1 纤维织物制品概述

纤维织物制品是重要的装饰材料之一，此类制品在建筑装饰领域具有悠久的历史，如地毯的使用就有数个世纪之久。特别在出现了优质的合成纤维和改进的人造纤维后，室内的墙板、天花板、地板等处都广泛采用优质纤维织品作为装饰材料、隔热材料和吸声材料。

由于材料的种类与材质不同，纤维的内部构造及化学、物理性能也不相同。加之使用形态与纺织方法的差异，纤维织品的外观及其他性质也不相同。因此，要正确恰当地选择纤维织品作为室内景观、光线、质感与色彩的烘托材料，必须了解其材料组成、性能特点及加工方法等。

1．建筑装饰纤维制品的分类及其特点

常见装饰纤维制品所用的纤维有天然纤维、化学纤维和无机玻璃纤维等。这些纤维材料各具特点，均会直接影响织物的质地、性能等。装饰纤维制品主要包括地毯、挂毯、墙布、窗帘等纤维织物以及岩棉、矿渣棉、玻璃棉制品等。

编织类纤维织物制品具有色彩丰富、质地柔软，富有弹性等特点，均会对室内的景观、光线、质感及色彩产生直接的影响。合理选用装饰用织物，既能使室内呈现豪华气氛，又给人以柔软舒适的感觉。此外，还具有保温、隔声、防潮、防蛀、易清洗和熨烫等特点。

矿物纤维制品则具有吸声、不燃、保温等特性。在我国装饰纤维织品虽然已经大量使用，但一般使用者对它的性能并未完全掌握，这一点要引起注意。随着新型建筑材料的不断更新，纤维制品以其轻质量、耐腐蚀、抗裂、抗老化、便于加工等特点愈来愈多地出现在建筑装饰工程中。

现在纤维制品运用越来越广泛，主要为聚苯纤维、高聚尼龙等，在墙面抹灰、混凝土施工中也有广泛的运用，主要都以掺和料加入，增加构件的抗裂、抗渗等性能。

2．纤维用材

装饰纤维制品所用纤维有天然纤维、化学纤维和无机玻璃纤维等。这些纤维材料各具特点，均会直接影响织物的质地、性能等。

(1) 天然纤维

天然纤维是传统的纺织原料，分羊毛、棉、丝、麻等。这类纤维有使用舒适、外观自然优美的特性，在现代纺织装饰面料中占有十分重要的地位。

(2) 化学纤维

在化纤工业十分发达的今天，化学纤维制品在装饰材料中占有其一席之地。化学纤维的优点是资源广泛，易于制造，具备多种性能，物美价廉。先进的化纤制造技术，使化学纤维的外观性能和理化性能都有了很大的改进，许多化纤材料不仅在光泽手感方面具有天然纤维的特点，而且在吸湿、透气、印染等方面都具有良好的性能。

纤维装饰织物中主要使用合成纤维，常用的主要有以下几种：聚酰胺纤维（锦纶）、聚酯纤维（涤纶）、聚丙烯纤维（丙纶）、聚丙烯腈纤维（腈纶）等。

(3) 玻璃纤维

玻璃纤维是一种性能优异的无机非金属材料，种类繁多，优点是绝缘性好，不易燃，耐热性强，吸音性能好，抗腐蚀性好，机械强度高，吸湿性小，伸长率小，但缺点是性脆，耐磨性较差。它是以玻璃为原料经高温熔制、拉丝、络纱、织布等工艺制造成的。可纺织加工成各种布料、带料等或织成印花墙布。

10.1.2 常用建筑纤维织物制品

地毯是一种高级地面装饰品，有悠久的历史，也是一种世界通用的装饰材料之一。它不仅具有隔热、保温、吸音、挡风及弹性好等特点，而且铺设后可以使室内具有高贵、华丽、悦目的氛围。所以，它是自古至今经久不衰的装饰材料，广泛应用于现代建筑和民用住宅。

1．地毯的基本功能以及性能要求

地毯是用动物毛、植物麻、合成纤维等为原料，经过编织、裁剪等加工过程造的一种高档地面装饰材料，具有质地柔软，脚感舒适、使用安全的特点。

地毯具有很高的艺术价值，装饰后能够体现高贵、华丽、美观、气派的风格，同时具有隔热、防潮的作用。

(1) 地毯的基本功能

地毯的基本功能包括保暖功能、调节功能、吸音功能、舒适功能以及审美功能五个方面。

(2) 地毯的性能要求

① 坚牢度：地毯需要承受的压力很大，因此要求地毯具有良好的耐磨、耐压性，绒头需有较好的回弹力及较高的密度，不易倒伏。地毯的纤维和组织结构编结都需具有一定的牢度，不易脱绒，并且在纤维色

牢度方面也有一定的标准和要求。

②　保暖性：地毯的保暖性能是由其厚度、密度以及绒面使用的纤维类型来决定的。合成纤维的保暖性一般都优于天然纤维，而天然纤维中羊毛又优于蚕丝、麻。此外，地毯的保暖性同地毯下面是否有衬垫物以及衬垫的结构也有很大关系。

③　舒适性：地毯的舒适性主要是指行走时的脚感舒适性。这里包括纤维的性能、绒面的柔软性、弹性和丰满度。天然纤维在脚感舒适性方面比合成纤维好，尤其是羊毛纤维，化纤地毯一般都有脚感发滞的缺陷。绒面高度在 10 ～ 30mm 之间的地毯柔软性与弹性较好，绒面太短虽耐久性好但缺乏松软弹性，脚感欠佳。

④　吸音隔音性：地毯需具有良好的吸音、隔音性能，这就要求在确定纤维原料、毯面厚度与密度时进行认真的选择，考虑吸音率的大小，以满足不同环境需达到的吸音、隔音性能要求。剧院、大型会议厅等场所十分注重音响质量，对地毯的吸音、隔音性能要求较高，一般居家使用则适当掌握即可。

⑤　抗污性：地毯使用时呈大面积暴露状态，尘埃杂物极易污损地毯，因此要求地毯有不易污染、易去污清洗的性能。地毯还需具备较好抗菌、抗霉变、抗虫蛀的性能，尤其是以羊毛纤维制织的地毯在温度、湿度较高的环境中使用，极易霉蛀，因此需进行防蛀性处理，以确保地毯的良好性能与使用寿命。

⑥　安全性：地毯的安全性包括抗静电性与阻燃性两个方面。

静电使毯面绒头易于沾尘，并产生缠脚的感觉，这对化纤地毯来说尤为明显。目前抗静电的一些方法，如在绒头纤维中混入金属纤维、碳素与导电性纤维材料，或将极细微的炭黑混入地毯背面的胶剂内都可以防止、减轻静电的产生。

现代的地毯需具有阻燃性，燃烧时低发烟并无毒气。羊毛地毯阻燃性较好，而合成纤维制作的地毯都极易燃烧熔化。在选择地毯材质时应特别注意合纤地毯的阻燃性能。

2. 地毯的分类

⑴ 按制造工艺分类

①　手工栽绒地毯：包括羊毛栽绒地毯、丝线栽绒地毯、黄麻栽绒地毯。采用栽绒编织工艺制成。栽绒编织工艺是在经纬交织的地毯底基上，用手工缩结工艺，即将毛线、丝线盘绕起来打成结，使之形成高出地毯底基的绒面（图 10-1）。

②　手工编织平纹地毯：采用平纹编织工艺制成。平纹编织工艺是以经纬线交叉编织而成，如同织布，是最古老的织造工艺。

③　手工簇绒地毯：又称胶背地毯。采用簇绒编织工艺制成。簇绒编织工艺是在地毯底布上用排针栽植毛线而形成圈绒或割绒。

④　手工毡毯：将羊毛在热水中挤压、碾轧和揉搓，使之发生缩绒黏合现象而成。

图 10-1 手工栽绒地毯

⑤　机制地毯：包括机织提花地毯、机制簇绒地毯、针刺地毯、针织地毯、粘胶地毯、黄麻机织地毯等，采用机械生产（图 10-2）。

⑵ 按材质类型分类

①　纯羊毛地毯：即羊毛为主要原料，故具有弹性大、拉力强、光泽好等优点，为高档铺地装饰材料（图 10-3）。

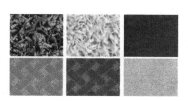

图 10-2 机制地毯

② 混纺地毯：它是将羊毛与合成纤维混纺后织造的地毯，其性能介于纯毛地毯和化纤地毯之间。由于合成纤维的品种多，性能也各不相同，所以，当混纺地毯中所用纤维品种或掺量不同时，混纺地毯的性能也不尽相同。如在羊毛中加入 20% 的尼龙纤维，可使地毯的耐磨性提高 5 倍，装饰性能不亚于纯毛地毯，且价格下降。

③ 化纤地毯：化纤地毯是一种新型铺地材料，且作为传统羊毛地毯的替代品迅速发展。它是指以各种化学纤维为主要原料加工制成的一种地毯。现常用的为合成纤维材料，主要有闪纶、腈纶、锦纶、涤纶等。其外观和触感酷似羊毛，耐磨而富有弹性，为目前用量最大的中、低档地毯品种（图 10-4）。

④ 剑麻地毯：剑麻地毯可以说是植物纤维地毯的代表。它是采用剑麻纤维为原料，经过纺纱、编织、涂胶、硫化等工序制成。产品分素色和染色两类，有斜纹、罗纹、龟骨纹、帆布平纹、半巴拿马纹、多米诺纹等多种花色品种，幅宽 4m 以下，卷长 50m 以下，可按需要裁切。剑麻地毯具有耐酸碱、耐磨、尺寸稳定、无静电现象等特点。较羊毛地毯经济实用，但弹性较其他类型的地毯差。可用于宾馆、饭店、会议室等公共建筑地面及家庭地面（图 10-5）。

⑤ 塑料地毯：是以聚氯乙烯树脂为基料，加入填料、增塑剂等多种辅助材料和添加剂，然后经混炼、塑化，并在地毯模具中成型而制成的一种新型地毯。这种地毯具有质地柔软、色泽美观、脚感舒适、经久耐用、易于清洗、质轻等特点。常见规格有 500mm x 500mm、400mm x 600mm、 1000mm x 1000mm 等数种。为一般公共建筑和住宅地面的铺装材料，如宾馆、商场、舞台等公用建筑及高级浴室，也有外用人造草坪等（图 10-6）。

⑥ 橡胶地毯：橡胶地毯是以天然或合成橡胶配以各种化工原料，热压硫化成型的卷状地毯。它具有色彩鲜艳、柔软舒适、弹性好、耐水、防滑、易清洗等特点。特别适用于卫生间、浴室、游泳池、车辆及轮船走道等特殊环境。各种绝缘等级的特制橡胶地毯还广泛用于配电室、计算机房等场合（图 10-7）。

图 10-4 化纤地毯

图 10-3 羊毛地毯

图 10-5 剑麻地毯

图 10-6 塑料地毯

图 10-7 橡胶地毯

3. 地毯的图案与色彩

地毯因选用原料、织造方法的不同，图案与色彩的风格也随之有异，但从总体看可分传统风格与现代风格两大类。

(1) 传统地毯图案与色彩

传统地毯多指用羊毛、蚕丝以手工编织方式生产的地毯。我国生产这类地毯历史悠久，并形成了独特的图案风格，具有富丽华贵，精致典雅的特点。传统地毯图案采用适合纹样格局形式，根据图案的具体布局与艺术风格的不同，可分为北京式、美术式、彩花式、素凸式和东方式五类。

① 北京式地毯：具有浓郁的中国传统艺术特色，多选我国古典图案为素材，如龙、凤、福、寿、宝相花、回纹、博古等，并吸收织棉、刺绣、建筑、漆器等艺术的特点，构成寓意吉祥美好，富有情趣的画面。北京式地毯的构图为规矩对称的格律式，结构严谨，一般具有奎龙、枝花、角云、大边、小边、外边的常规程式。由于图案与色彩的独特风貌，北京式地毯具有鲜明的民族特色和雍容华贵的装饰美感（图 10-8）。

图 10-8 北京式地毯

图 10-9 美术式地毯

② 美术式地毯：以写实与变化花草，如月季、玫瑰、卷草、螺旋纹等为素材，构图也是对称平稳的格律式。地毯中心常由一簇花卉构成椭圆形的图案，四周安排数层花环，外围毯边为两道或三道边锦纹样。美术式地毯颇具特色的是各式卷草纹样，这些流畅潇洒的卷草结合其他装饰图案构成基本格局的骨架，使毯面形成几个主要的装饰部位——中心花、环花与边花，在这些部分安排主体花草。

美术式地毯以类似水粉画的块面分色方法来表现花叶的色彩明暗层次，有较强的立体感和真实感。常以沉稳含蓄的驼色、墨绿、灰蓝、灰绿、深色为地色。花卉用色明艳，叶子与卷草则多采用暗绿、棕黄色调，总体色彩协调雅致，艳而不俗。小花作一般的片剪，大花加凸处理，花纹层次丰富，主次分明（图 10-9）。

③ 彩花式地毯：以自然写实的花枝、花簇，如牡丹、菊花、月季、松、竹、梅等为素材，运用国画的折枝手法作散点处理，自由均衡布局，没有外围边花。在地毯幅面内安排一、两枝或三、四枝折枝花，多以对角的形式相互呼应，毯面空灵疏朗，花清地明，具有中国画舒展恬静的风采。彩花式地毯构图灵活，富于变化，有时花繁叶茂，有时仅以零星小花点缀画面，有时也可添加一些变化图案，如回纹、云纹等作为折枝花的陪衬，增加画面的层次与意趣。

彩花式地毯图案色彩自然柔和，明丽清新，花卉多采用色彩渐次变化的晕染技法处理，融合了写实风格的情趣和装饰风格的美感（图 10-10）。

图 10-10 彩花式　　图 10-11 素凸式地毯
地毯

④ 素凸式地毯：是一种花纹凸出的素色地毯，花纹与毯面同色，经过片剪后，花朵如同浮雕一般凸起。在构图形式上，与彩花式地毯相仿，也是以折枝花或变形花草为素材，采用自由灵活的均衡格局，多呈对角放置，互为呼应。由于花地一色，为使花纹明朗醒目，因此图案风格简练朴实。

素凸式地毯常用的色彩是玫红、深红、墨绿、驼色、蓝色等。地毯花形立体层次感强，素雅大方，适宜多种环境铺设，是目前我国使用较广泛的一种地毯（图 10-11）。

⑤ 东方式地毯：东方式地毯的纹样多取材波斯图案，各种树、叶、花、藤、鸟、动物经变化加工，并结合几何形资料组成装饰感很强的花纹，具有十分浓郁的东方情调。东方式地毯通常以中心纹样与宽窄不同的边饰纹样相配，中心纹样可采用中心花加四个角花的适合纹样，也可采用缠枝花草自由连缀或重复排列，布局严谨工整，花纹布满毯面。

东方式地毯色彩浑厚深沉，多为棕红、黄褐、灰绿色调（图 10-12）。

⑵ 机织、簇绒地毯图案与色彩

机织、簇绒地毯与传统纺织地毯相比，图案风格显得简练粗犷，多为四方连续格局，可任意裁剪、拼接。这类地毯的图案选用具有现代装饰意趣的几何图形、抽象图案、变化图案为素材。在构图形式上运用较多的为几何形交错结构和马赛克镶嵌结构，以简单的方

图 10-12 东方式地毯　　图 10-13 簇绒地毯

格形、菱形、六角形、万字形、回纹形等交错组合，形成平稳匀称的网状结构，图形整齐而有变化，产生很有规律的节奏感，图案概括简练，豪放自由，并带有较多抽象意味，与现代室内装饰风格十分协调。

机织地毯的色彩简单明净，追求稳重、宁静的装饰感。所用色彩较丰富，红色、草莓色、蓝色、灰色、绿色、深棕、棕黄、驼色都是常见的颜色（图 10-13）。

4. 墙面装饰织物

墙面装饰织物是指以纺织物和编织物为面料制成的壁纸或墙布，其原料可以是丝、羊毛、棉、麻、化纤等，也可以是草、树叶等天然材料，是一种广泛应用的室内装饰材料。根据面料不同可分为织物壁纸、玻璃纤维印花贴墙布、无纺贴墙布、化纤装饰墙布、棉纺装饰墙布、织锦缎等。

⑴ 织物壁纸

织物壁纸其面层选用布、化纤、麻、绢、丝、绸、缎、呢或薄毡等织物为原材料，视觉上和手感柔和、舒适，但此类墙纸的价格比较昂贵（图 10-14）。织物壁纸现有纸基织物壁纸和植物纤维壁纸两种。

① 纸基织物壁纸：纸基织物壁纸是由棉、毛、麻、丝等天然纤维及化纤制成的各种色泽、花色的粗细纱或织物再与纸基层黏合而成。这类壁纸的特点是色彩柔和幽雅，墙面立体感强，吸声效果好，耐日晒，不褪色，无毒无害，无静电，不反光，具有透气性和调湿性（图 10-15）。此类壁纸的规格、尺寸及施工工艺与普通壁纸相同，通常宽度为 0.90～0.93m，长度有 30m 和 50m 两种规格。

② 植物纤维壁纸：由麻、草等植物纤维制成，是一种高档

图 10-14 织物壁纸

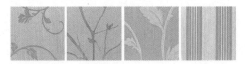

图 10-15 纸基织物壁纸

装饰材料，质感强，无毒、透气、吸声，效果自然和谐、天然美观，但制作工艺复杂。风格古朴自然，素雅大方，生活气息浓厚，给人以返璞归真的感受（图 10-16）。此类壁纸的厚度为 0.3～1.3mm，通常宽度一般为 0.96m。

(2) 玻璃纤维印花贴墙布

玻璃纤维印花贴墙布是以中碱玻璃纤维布为基材，表面涂以耐磨树脂，印上彩色图案而制成的。特点是美观大方，色彩艳丽，不易褪色、防火性能好，耐潮性强，可擦洗。缺点是容易断裂和老化。此类墙布具有极高的可装饰性，同时又是一种典型的安全防火的高科技现代材料，适用于多种墙面，是办公楼、医院、酒店、机场、商场、影剧院、娱乐场所及家庭等装饰的首选材料（图 10-17）。此类壁纸的厚度为 0.17～0.20mm，通常宽度一般为 0.85～0.90m。

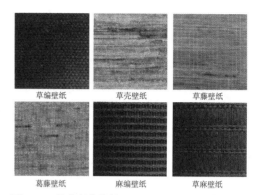

| 草编壁纸 | 草壳壁纸 | 草藤壁纸 |
| 葛藤壁纸 | 麻编壁纸 | 草麻壁纸 |

图 10-16　植物纤维壁纸

图 10-17　玻璃纤维墙布

(3) 无纺贴墙布

无纺贴墙布是采用棉、麻等天然纤维或涤纶、腈纶等合成纤维，经过无纺成型上树脂、印制彩色花纹而成的一种贴墙材料。这种贴墙布的特点是挺括、富有弹性、不易折断、纤维不老化、不散头，对皮肤无刺激作用，色彩鲜艳、图案雅致、粘贴方便，具有一定的透气性和防潮性，能擦洗而不褪色，且粘贴施工方便（图 10-18）。适用于各种建筑物的 室内墙面装饰，尤其是涤纶无纺墙布，除具有麻和无纺墙布的所有性能外，还具有质地细腻，光滑等特点，特别适用于高级宾馆、高级住宅。此类壁纸的厚度为 0.12～0.18mm，通常宽度一般为 0.85～0.90m。

(4) 化纤装饰墙布

化纤装饰贴墙布是以粘胶纤维、醋酯纤维、丙纶、腈纶、锦纶、涤纶等化学纤维为基材，经一定处理后印花而成。这种墙布具有无毒、无味、透气、防潮、耐磨、不分层等特点。适用于各级宾馆、饭店、办公室、会议室及居民住宅（图 10-19）。此类壁纸的厚度为 0.15～0.18mm，通常宽度一般为 0.82～0.84m，宽度一般为 50m。

(5) 棉纺装饰墙布

棉纺装饰墙布是用纯棉平布经过处理、印花，涂以耐磨树脂制作而成，其特点是墙布强度大、静电小、无光、无味、无毒、吸声、花型色泽美观大方。适合于水泥砂浆墙面、混凝土墙面、白灰墙面、石膏板、胶合板、纤维板、石棉水泥板等墙面基层的粘贴或浮挂（图 10-20）。

(6) 高级墙面装饰织物

高级墙面装饰织物是指锦缎、丝绒、呢料等织物，这些织物由于纤维材料、织造方法及处理工艺的不同所产生的装饰效果也不相同。

锦缎也称织锦缎，是我国的一种传统丝织装

图 10-18　无纺墙布　　图 10-19　化纤墙布　　图 10-20　棉纺墙布

饰品，色彩绚丽、图案精致古雅，加上丝织品本身的质感与丝光效果，使其显得高雅华贵，具有很好的装饰作用。常被用于高档室内墙面的浮挂装饰，也可用于室内高级墙面的裱糊，但因其价格吊贵，柔软易变形、施工难度大、不能擦洗、不耐脏、不耐光、易留下水灌的痕迹、易发霉，故其应用受到了很大的限制（图10-21）。

丝绒色彩华丽，质感厚实温暖，格调高雅，主要用作高级建筑室内窗帘、软隔断或浮挂，可营造出富贵、豪华的氛围（图10-22）。

粗毛呢料或仿毛化纤织物和麻类织物，质感粗实厚重，具有温暖感，吸声性能好，适用于高级宾馆等公共厅堂柱面的裱糊装饰（图10-23）。

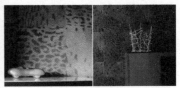

图10-21 锦缎墙布　　　　图10-22 丝绒墙布　　　　图10-23 仿毛化纤墙布

5. 窗帘

在现代室内装饰中窗帘成为室内空间不可缺少的、功能性和装饰性完美结合的室内装饰品。窗帘种类繁多，常用的品种有：卷帘、窗纱、直立帘、罗马帘、木竹帘、铝百叶、布窗帘、纱窗帘、无缝纱帘、遮光窗帘、隔音窗帘、立式移帘。

现代窗帘，既可以减光、遮光，以适应人对光线不同强度的需求；又可以防火、防风、除尘、保暖、消声、隔热、防辐射、防紫外线等，改善居室气候与环境。

窗帘的悬挂方式很多，从层次上分单层和双层；从开闭方式上分为单幅平拉、双幅平拉、整幅竖拉和上下两段竖拉等；从配件上分设置窗帘盒，有暴露和不暴露窗帘杆，从拉开后的形状分自然下垂和半弧形等。

现代装饰的快速发展，使得织物已成为一种十分重要的装饰材料。用织物作室内装饰，可以通过与窗帘、台布、挂毯、靠垫等室内织物的呼应，改善室内的气氛、格调、意境、使用功能，增加装饰效果（图10-24）。

图10-24 窗帘

6．吸声用纤维制品

⑴ 矿物棉装饰吸声板

矿物棉装饰吸声板按原料的不同分为矿渣棉装饰吸声板和岩棉装饰吸声板。

① 矿渣棉装饰吸声板

矿渣棉装饰吸声板是利用矿渣棉、黏结剂、涂料等原料，经加压成型、烘干、固化、切割、贴面等工序而制成的装饰装修材料，一般用于室内的吊顶及墙面装饰，具有优良的保温、隔热、吸声、抗震、不燃等性能。矿渣棉装饰吸声板表面花纹图案众多，如毛毛虫、十字花、大方花、小朵花、树皮

图 10-25　矿棉吸音板

纹、满天星、小浮雕等，色彩繁多，装饰性好。广泛用于影剧院、音乐厅、播音室、录音室、旅馆、医院、办公室、会议室、商场及噪声较大的工厂车间等公共空间，能有效地改善室内音质、消除回声，提高语言的清晰程度或降低噪声（图 10-25）。

矿渣棉装饰吸声板常见规格尺寸主要有：500mm×500mm，600mm×600mm，610mm×610mm，625mm×625mm，600mm×1000mm，600mm×1200mm，625mm×1250mm；厚度分为 12mm、15mm、20mm。

② 岩棉装饰吸声板

岩棉装饰吸声板是以优质的天然岩石，如玄武岩、白云石等为主要原材料，经熔化、高速离心，掺入少量黏结剂，固化、切割形成，防水吸声降噪的一种矿物纤维制品。岩棉装饰吸声板的性能略优于矿渣棉装饰吸声板。

岩棉装饰吸声板的生产工艺与矿渣棉装饰吸声板相同，板材的规格、性能与应用也与矿渣棉装饰吸声板基本相同。

⑵ 吸声用玻璃棉制品

玻璃棉属于玻璃纤维中的一个类别，是一种人造无机纤维。玻璃棉是将熔融玻璃纤维化，形成棉状的材料，具有成型好、体积密度小、热导率低、保温绝热、吸音性能好、耐腐蚀、化学性能稳定等性能。

① 吸声玻璃棉板

玻璃棉装饰吸声板是以玻璃棉为原料，加入适量的胶粘剂、防潮剂等，经热压成型等工序而成，为了具有良好的装饰效果，常将表面进行处理，或贴上装饰饰面，或进行表面喷涂。

图 10-26　玻璃棉布艺吸音板

图 10-27　玻璃棉穿孔吸音板

玻璃棉装饰吸声板具有质轻、防火、吸声、隔热、抗震、不燃、美观、施工方便、装饰效果好等优点。广泛应用于剧院、礼堂、宾馆、商场、办公室、工业建筑等处的吊顶及内墙装饰（图 10-26、图 10-27）。

② 吸声用玻璃棉毡

吸声玻璃棉毡是由质地均匀、性能稳定的无机玻璃纤维和不溶于水的防火热固树脂结合而成，适用于旅游饭店、办公楼宇、商业建筑、民用住宅以及娱乐场所内墙部分的一种新型保温吸声材料。

玻璃棉毡的降噪系数略高于玻璃棉板，其他性能与玻璃棉板基本相同，但强度很低，并可卷曲（图10-28）。

图10-28 吸音玻璃棉毡

10.2　常用装饰纤维制品的施工工艺

10.2.1　地毯铺设施工工艺

1．地毯铺设施工准备

（1）材料准备

地毯、衬垫、胶粘剂、倒刺钉板条、铝合金倒刺条、铝压条等。

（2）机具准备

裁边机、地毯撑子、扁铲、墩拐、手枪钻、割刀、剪刀、尖嘴钳子、漆刷、橡胶压边滚筒、烫斗、角尺、

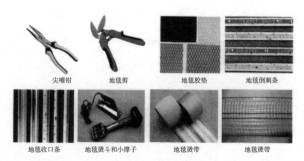

图10-29 地毯铺设工具

直尺、手锤、钢钉、小钉、吸尘器、垃圾桶、盛胶容器、钢尺、合尺、弹线粉袋、小线、扫帚、胶轮轻便运料车、铁簸箕、棉丝和工具袋（图10-29）。

2．工艺流程

地毯铺设工艺流程：基层处理—弹线、套方、分格、定位—地毯剪裁—钉倒刺板挂毯条—铺设衬垫—铺设地毯—细部处理及清理。

（1）活动式铺设

是指不用胶粘剂粘贴在基层的一种方法，即不与基层固定的铺设，四周沿墙角修齐即可。一般仅适用于装饰性工艺地毯的铺设。

（2）固定式铺设操作工艺

① 基层处理：铺设地毯的基层，要求表面平整、光滑、洁净，如有油污，须用丙酮或松节油擦净。如为水泥地面，应具有一定的强度，含水率不大于8%，表面平整偏差不大于4mm。

② 弹线、套方、分格、定位：要严格按照设计图纸施工。如图纸没具体要求时，应对称找中并弹线，便可定位铺设。

③ 地毯剪裁：地毯裁剪一定要精确测量房间尺寸，并按房间和所用地毯型号逐一登记编号。然后根据房间尺寸、形状用裁边机断下地毯料，每段地毯的长度要比房间长出2cm左右，宽度要以裁去地毯边缘线后的尺寸计算。

④ 钉倒刺板挂毯条：沿房间或走道四周踢脚板边缘，用高强水泥钉将倒刺板钉在基层上（钉朝向墙的方向），其间距约40cm。倒刺板应离开踢脚板面8～10mm，以便于钉牢倒刺板（图10-30）。

⑤铺设衬垫：将衬垫采用点粘法刷107胶或聚醋酸乙烯乳胶，粘在地面基层上，要离开倒刺板10mm

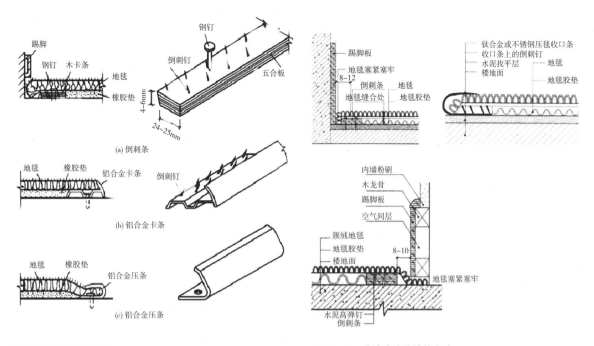

图 10-30 挂毯条构造　　　　　　　　　　　　图 10-31 满铺地毯的铺装方法

左右。

⑥ 缝合地毯：将裁好的地毯虚铺在垫层上，然后将地毯卷起，在拼接处缝合。缝合完毕，用塑料胶纸贴于缝合处，保护接缝处不被划破或勾起，然后将地毯平铺，用弯钉在接缝处做绒毛密实的缝合。

⑦ 拉伸与固定地毯：先将地毯的一条长边固定在倒刺板上，毛边掩到踢脚板下，用地毯撑子拉伸地毯。然后将地毯固定在另一条倒刺板上，掩好毛边。长出的地毯，用裁割刀割掉。一个方向拉伸完毕，再进行另一个方向的拉伸，直至四个边都固定在倒刺板上。

⑧ 用胶粘剂黏结固定地毯：此法一般不放衬垫（多用于化纤地毯），先将地毯拼缝处衬一条 10cm 宽的麻布带，用胶粘剂粘贴，然后将胶粘剂涂刷在基层上，适时黏结、固定地毯。此法分为满粘和局部黏结两种方法。宾馆的客房和住宅的居室可采用局部黏结，公共场所宜采用满粘。

⑨ 铺粘地毯时，先在房间一边涂刷胶粘剂后，铺放已预先裁割的地毯，然后用地毯撑子向两边撑拉，再沿墙边刷两条胶粘剂，将地毯压平掩边（图 10-31）。

10.2.2 楼梯地毯铺设施工工艺

楼梯地毯铺设方式：压杆固定方式；黏结固定方式；卡条方式。

(1) 压杆固定式楼梯地毯铺设

① 埋设压杆紧固件。每级踏步的阴角各设两个紧固件，以楼梯宽度的中心线对称埋设。紧固件圆孔孔壁离楼梯踏面和踢面的距离相等，并略小于地毯厚度。

② 按每级踏步的踏面、踢面实量宽度之和裁出地毯长度，如考虑更换磨损部位，可预留一定长度。

③ 由上至下逐级铺设地毯。顶级地毯端部用压条钉于平台上，每级踏步紧固件位置，在地毯上切开小口，让压杆紧固件能从中伸出，然后将金属压杆穿入紧固件圆孔，拧紧调节螺钉。

④ 须安金属防滑条的楼梯，在地毯固定好后，用膨胀螺钉（或塑料胀管）将金属防滑条固定在踏步板

阳角边缘，钉距 15～30cm（图 10-32）。

（2）黏结固定式楼梯地毯铺设

① 按实量尺寸裁割地毯。

② 一律采用满刮胶黏结。

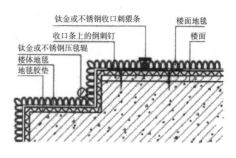

图 10-32 楼梯踏步地毯的铺装方法

③ 自上而下用胶抹子把黏结剂刮抹在楼梯的踏面和踢面上，适当晾置后即将地毯粘上，然后用扁铲擀压，使地毯擀平、压实。

④ 要逐级刮胶、逐级铺设，避免大段刮完胶后再铺地毯，无处落脚。

⑤ 如须安装金属防滑条，同压杆固定式。

⑥ 铺贴后 24h 内禁止人流来往。

（3）卡条固定式楼梯地毯铺设

① 将倒刺板钉在楼梯踏面和踢面之间阴角的两边，两条倒刺板之间留 15mm 的间隙，倒刺板上的朝天钉倾向阴角。

② 毯垫应覆盖楼梯踏面，并包住阳角，盖在踏步踢面的宽度不应小于 15mm。

③ 地毯按每级踏步踏面与踢面宽度之和加适当预留长度下料。

④ 顶级地毯端部用压条钉在平台上，然后自上而下逐级铺设。每级踏步阴角处，用扁铲将地毯绷紧后压入倒刺板间的缝隙内。

⑤ 预留长度部分，可迭钉在最下一级踏步的踢面上。

10.2.3 墙布铺设施工工艺

1．墙布铺设施工中所用的常规工具

滚筒、壁纸胶、刀片、裁刀、压轮、毛刷、刮板、保护带、封边胶、纸带、胶桶、梯子、海绵、毛巾、地板保护膜、壁纸保护膜、铅垂线、卷尺、针筒等（图 10-33）。

2．工艺流程

清扫基层、填补缝隙—石膏板面接缝处贴接缝带、补泥子、磨砂纸—满刮泥子、磨平—涂刷防潮剂—涂刷底胶—墙面弹线—壁纸浸水—壁纸、基层涂刷黏结剂—墙纸裁纸、刷胶—上墙裱贴、拼缝、搭接、对花—赶压胶粘剂气泡—擦净胶水—修整。

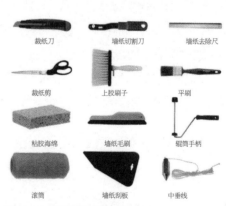

图 10-33 墙布铺设工具

① 基层必须清理干净、平整、光滑，防潮涂料应涂刷均匀，不宜太厚。

② 为防止墙纸、墙布受潮脱落，可涂刷一层防潮涂料。

③ 弹垂直线和水平线，以保证墙纸、墙布横平竖直、图案正确的依据。

④ 塑料墙纸遇水后胶水会膨胀，因此要用水润纸，使塑料墙纸充分膨胀，玻璃纤维基材的壁纸、墙布等，遇水无伸缩，无须润纸。复合纸壁纸和纺织纤维壁纸也不宜闷水。

⑤ 粘贴后，赶压墙纸胶粘剂，不能留有气泡，挤出的胶要及时揩净。

3．注意事项

① 墙面基层含水率应小于 8%。

② 墙面平整度达到用 2m 靠尺检查，高低差不超过 2mm。

③ 拼缝时先对图案后拼缝，使上下图案吻合。

④ 禁止在阳角处拼缝，墙纸要裹过阳角 20mm 以上。

⑤ 裱贴玻璃纤维墙布和无纺墙布时，背面不能刷胶粘剂，应将胶粘剂刷在基层上。因为墙布有细小孔隙，胶粘剂会印透表面而出现胶痕，影响美观。

【案例点评】

1．梁志天为 Graham & Brown 设计的中式墙纸，秉持国际上最先进的制造工艺，汇聚全球最著名的家居设计大师，格兰布朗以超群的品质和精湛的设计闻名于世。其墙纸产品集原创、独特、艺术、时尚、品位等五大特征为一体，饱含深厚的文化底蕴，把世界上最具时尚魅力的居家艺术带入千家万户（图 10-34 ）。

2．刺绣墙纸、墙布，是采用高档无纺纸为基材，结合中国以针引线的传统刺绣工艺，配合强调雕塑感的手工刺绣图案与造型，将不同颜色的色线巧绣成各款图案，以绣线代压花，以色线代印刷的墙纸，生动地勾画出各种物体，形成了丰满浮凸有起伏而多变化，有条理而不紊乱，色彩富丽，组织细密，丰富多彩

图 10-34 梁志天设计 Graham
& Brown 中式墙纸

图 10-35 刺绣墙布装饰效果

的总体风格，别具一格，具有很高的艺术价值，是墙纸墙布中的精品（图 10-35）。

3．查茨沃斯大道公寓，装有百叶窗板的走廊显得高贵浪漫，与设有落地书架的两个半房私人区相连接。黑白色的天然石灰石遍布整个公寓，古典优雅。横跨走廊的桥式结构则直接通往二层更私密的卧室空间。餐厅的各个边缘都设有通往娱乐区的门——包括游泳池、厨房、健身房及入口走廊。由于与餐厅相连，

封闭式的客厅选用织物墙面，显得格外雅致。酒红色色调的放映厅看上去颇有些伦敦绅士俱乐部的味道。楼上的卧室有几个装饰亮点——Robert Indiana 手编的 "LOVE" 床头艺术品及主人的肖像，还有醒目的斑马纹软垫椅子（图 10-36、图 10-37）。

图 10-36 查茨沃斯大道公寓卧室

4. larsen fabrics 品牌整体家居配套，通过不同的色系、风格的窗帘、沙发套、床罩、挂毯、挂画、绿植等元素，根据空间的大小形状、生活习惯、兴趣爱好，在视觉上将数学与美学相结合，从整体上综合策划装饰装修设计方案（图 10-38）。

图 10-37 查茨沃斯大道公寓走廊

图 10-38 larsen fabrics 品牌整体家居配套软装效果

【课后练习】

同学们自选一大型公共场所作为被设计建筑物，参阅图书馆资料、网络资料，通过分组讨论，拟写一份纤维材料使用说明，将该建筑物的每个功能空间里所使用的建筑装饰纤维材料罗列出来，并配以说明，解释为何在该空间区域使用这种纤维材料。

教师组织同学模拟一次软装投标，通过这种活动深刻掌握建筑装饰中纤维材料的使用方法，并了解如何通过语言、图片、PPT 等手段向客户展示自己的设计。

【拓展阅读】

《TOP 软装饰界》是国内第一本专注软装领域的杂志。杂志中饰界、软装课堂、TOP 设计师、工艺等栏目让读者全方位了解家饰产品，学习软装布置知识，建立美学理念。

《TOP 软装饰界》的内容主要从家饰产品、软装布置方法及生活美学理念三个方面诠释并实现"软装"，希望以家居饰品为起点，构建环保、健康生活理念；以家居饰品为载体，倡导在生活中使用美学；以家居饰品为原点，发掘生活中的情趣；以家居饰品为基点，重拾传统生活的文化片段。

第 11 章 常用建筑装饰涂料及施工工艺

学习目标

了解装饰涂料的分类，熟悉不同装饰涂料的应用特点及应用场合。

重难点

了解并掌握室内装饰涂料的特点和用途。
了解建筑装饰涂料施工的施工工艺。

训练要求

了解不同装饰涂料在装饰设计中的实际应用。

11.1 常用建筑装饰涂料

11.1.1 建筑装饰涂料概述

涂料是指涂覆在被保护或被装饰的物体表面，并能与被涂物形成牢固附着的连续薄膜，从而对物体起到装饰、保护，或使物体具有某种特殊功能（如绝缘、防腐、标识等）的材料（图 11-1）。涂料的一般组成包含成膜物质、颜填料、溶剂、助剂。

因为早期涂料以天然植物油脂、天然树脂（如亚麻子油、桐油、松香等）为主要原料，因此涂料在过去被称为油漆。随着石油化工业的发展，

图 11-1 涂料作品展示

合成树脂代替天然植物油及天然树脂，并使用人工合成有机溶剂为稀释剂，有的甚至用水作为稀释剂，继续称之为油漆就不太合适，因此改称为涂料。

涂覆于建筑物、装饰建筑物或保护建筑物的涂料，统称为建筑涂料。

1. 建筑装饰涂料的功能

从建筑涂料的定义上，我们可以将建筑涂料的功能分为以下几种。

（1）装饰功能：装饰功能是通过对建筑物的美化来提高它的外观价值的功能。主要包括平面色彩、图案及光泽方面的构思设计及立体花纹的构思设计。但要与建筑物本身的造型和基材本身的大小和形状相配合，才能充分地发挥出来（图11-2）。

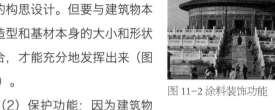

图 11-2 涂料装饰功能　　　　图 11-3 涂料保护功能

（2）保护功能：因为建筑物暴露在自然界中，外立面长期在阳光、大气、温度等作用下会产生风化等破坏现象。建筑装饰涂料的保护功能就是指保护建筑物不受外界环境的影响和破坏，延长建筑物的使用年限。

由于建筑物的使用材料、使用性质以及所处地域环境不同，对于需要保护的内容也各不相同。木质建筑必须使用防火、防水外墙涂料（图 11-3）；钢结构建筑需要使用耐腐蚀的外墙涂料；有的建筑物（如民用住宅）要求使用保温隔热的建筑涂料；有的建筑物（如计算机房、医院）则需要使用防霉、防尘功能的外墙涂料等。

（3）标识功能：标识作用是利用色彩的明度和反差强烈的特性，引起人们的警觉，因此在一些特殊的建筑里，我们需要使用建筑涂料来达到这一标识作用，让人们能看到这个建筑就能知道这个建筑的功能（图 11-4）。如邮局一般使用绿色标识，疏散标识一定用大红色标识等。

（4）居住性改进功能：居住性改进功能主要是对室内涂装而言，就是有助于改进居住环境的功能，如隔音性、吸音性、防霉以及耐污性涂料的使用等。

图 11-4 涂料标识功能

2．建筑装饰涂料的分类

按主要成膜物质的化学成分分类，可将涂料分为有机涂料、无机涂料、无机—有机复合涂料。

（1）有机涂料

有机涂料是指以高分子化合物为主要成膜物质所组成的涂料，常用的有以下三种类型。

① 溶剂型涂料

溶剂型涂料是以高分子合成树脂为主要成膜物质，有机溶剂为稀释剂，加入适量的颜料、填料及辅助材料，经研磨而成的涂料（图11-5）。

图 11-5 溶剂型涂料

虽然溶剂型建筑涂料存在着易燃，溶剂挥发后对人体有害，污染环境，浪费能源以及成本高等问题，但溶剂型建筑涂料仍有一定的应用范围，例如丙烯酸酯建筑涂料、有机硅—丙烯酸酯建筑涂料、聚氨酯涂料和氟树脂建筑涂料等。

溶剂型涂料的性能及使用范围：

涂膜的质量：在有高装饰性要求的场合，水性涂料的丰满度通常达不到人们的要求，高光泽涂料多使用溶剂型涂料来实现。

对各种施工环境的适应性：对于水性涂料则无法调节其挥发速率，要想获得高性能的水性乳胶涂料涂膜，就必须控制施工环境的温度、湿度。在一些条件较为苛刻的环境，如外墙面、桥梁上的施工，无法人工营造一个温湿度可控的条件，因此水性涂料的应用可能会受到限制。相反，采用溶剂型涂料，可随地点、气候的变化进行溶剂比例的控制，以获得优质涂膜。

② 水溶性涂料

水溶性涂料是以水溶性合成树脂为基料，加入水、颜料、填料、助剂等，经研磨、分散等而成的涂料。水溶性涂料的价格低，无毒无味，施工方便，但涂膜的耐水性、耐候性、耐洗刷性差，一般只用于建筑内墙涂料。

③ 乳液型涂料

乳液型涂料又称乳胶涂料、乳胶漆，是以合成树脂乳液为基料，加入颜料、填料、助剂等经研磨、分散等而成的涂料。

乳液型涂料无毒、不燃，对人体无害，价格较低，具有一定的透气性，其他性能接近于或略低于溶剂型涂料。乳液型涂料施工时不需要基层材料很干燥，但施工时温度宜在 10℃以上，用于潮湿部位的乳液型涂料需加入防霉剂。乳液型涂料是目前大力发展的涂料。

（2）无机建筑涂料

无机涂料是一种以无机材料为主要成膜物质的涂料，是无机矿物涂料的简称，广泛用于建筑、绘画等日常生活领域。在建筑工程中常用的是以碱金属硅酸盐水溶液和胶体二氧化硅的水分散液两种成膜物，再加入颜料、填料以及各种助剂，制成的硅酸盐和硅溶胶（胶体二氧化硅）无机涂料，具有良好的耐水、耐碱、耐污染、耐候性。

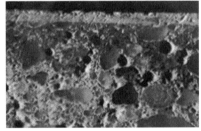

图 11-6 无机涂料的石化作用

① 无机建筑涂料的特性

牢固性：无机建筑涂料能与矿物基质发生石化作用，形成一种防水及防酸的硅酸岩石，并且颜色会渗入建筑墙体的深层（图 11-6）。因而使用无机建筑涂料的建筑可历久常新。在德国特劳士及瑞士的几幢古典建筑的外墙使用了矿物涂料，至今 100 年色泽仍亮丽如新。

阻燃性：无机建筑涂料抗温性能特别好，在 1200℃的高温下都不会燃烧（图 11-7）。

透气性：无机建筑涂料具有防水性及高度的透气性，能使建筑内部的水分自由地向外蒸发，保持建筑物的干燥。

灭菌及抗苔藓滋生功能：由于无机建筑涂料的基料属于无机物

图 11-7 无机涂料的阻燃性

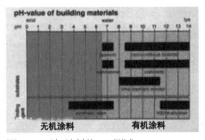

图 11-8 无机涂料的 pH 测试

（不含营养素），pH 值（图 11-8）呈碱性（可灭菌）以及其超强的透气性，能使建筑物保持干燥，因此使用无机建筑涂料的建筑物基本可杜绝苔藓类的存在。

耐候性：无机建筑涂料能抗酸碱，经过特殊的氧化改性处理后，还能完全防止紫外线的辐射，因此无机建筑涂料对于不同环境下的建筑都有良好的保护作用。

环保性：首先，无机建筑涂料的基料材料往往直接取材于自然界，因而来源十分丰富。例如，硅溶胶、硅酸盐溶液等涂料基料，其主要原材料来源于石英质矿石，是自然界中极为丰富的材料。其次，无机建筑涂料基料的生产及使用过程中对环境的污染小，产品多数是以水为分散介质，无环境和健康方面的不良影响。

② 无机建筑涂料的分类

无机建筑涂料一般分为：水溶性硅酸盐系（碱金属硅酸盐）、硅溶胶系和有机硅及无机聚合物系等。目前应用最多的还是碱金属硅酸盐系的硅酸钾、硅酸钠和硅溶胶系无机涂料。由于无机建筑涂料自身的优点，因此，无机建筑涂料有着非常广阔的发展前景。

③ 无机建筑涂料的优缺点

首先，在功能性无机建筑涂料的发展上，更是能体现无机建筑涂料的优势。特别是耐火隔热涂料、防霉涂料和防结露涂料等方面。无机基料的固有性能使得这类涂料比之同类有机涂料更有竞争优势，更能够充分发挥其长处。

其次，具有特殊质感的厚质建筑涂料也能够充分体现出无机建筑涂料的一些优势，例如砂壁状建筑涂料、复层建筑涂料等，这类涂料不需要较好的流平性和光滑的涂膜表面，而是要求其有粗糙的质感，这正是无机涂料固有的优势之一。

无机建筑涂料的优点很多，但早期的无机建筑涂料在性能上也存在一些缺陷，例如涂料的贮存性差（主要是贮存后分层甚至沉淀），涂料流平性差，造成装饰效果不良。而尤为重要的是，随着人们对涂料性能要求的提高和涂料技术的进步，没有能够对无机建筑涂料进行相应的深化研究，一些新的涂料原材料，例如超细填料、涂料助剂等，或者新的涂料技术未能在无机建筑涂料中应用，从而导致其性能未能随着时代的进步而提高，这是造成无机建筑涂料没有得到应用发展的又一个原因。

因而，要发展应用无机建筑涂料，首先要根据发展的要求来提高无机建筑涂料的性能。应该将近年来不断出现的新材料和生产技术等用于无机建筑涂料的研究和生产，以提高其贮存性能、施工性能和装饰性能。

其次，提高无机建筑涂料技术性能的另一个重要措施是在无机涂料中复合一定数量的有机基料，以克服无机涂料性能上的不足，这是已经被实践证明的一条成功经验，例如硅溶胶合成树脂乳液复合涂料等，至今仍得到很好的应用。也就是结合无机、有机建筑涂料的优势，大力发展无机—有机复合涂料。

（3）无机—有机复合涂料

不论是有机涂料还是无机涂料，在单独使用时，都存在一定的局限性。为克服这个缺点，发挥各自的长处，出现了无机—有机复合涂料。

复合涂料目前主要有两种复合形式：

①两类涂料在品种上的复合：就是把水性有机树脂与水溶性硅酸盐等配制成混合液或分散液（例如聚乙烯醇水玻璃涂料和苯丙—硅溶胶涂料等），或者是在无机物的表面上使用有机聚合物接枝制成悬浮液。这类复合涂料中的有机聚合物或者树脂可以改善无机材料（例如硅溶胶）在成膜后发硬变脆的弊端，同时又避免或减轻了有机材料易老化、不耐污染、耐热性差等问题。

②两类涂料涂层的复合装饰：是指在建筑物的墙面上先涂覆一层有机涂料的涂层，然后再涂覆一层无机涂料涂层，利用两层涂膜的收缩不同，使表面一层无机涂料涂层形成随机分布的裂纹纹理，以便得到镶嵌花纹状涂膜的装饰效果。

按建筑物使用部位分类，可将涂料分为外墙建筑涂料、内墙建筑涂料、地面建筑涂料、顶面建筑涂料和屋面建筑涂料等。

按建筑涂料的主要功能可将涂料分为装饰性涂料、防火涂料、保温涂料、防腐涂料、防水涂料、抗静电涂料、防结露涂料、闪光涂料、幻彩涂料等。

11.1.2　常用的装饰涂料

1. 外墙装饰涂料

外墙装饰涂料的主要功能是装饰和保护建筑物的外墙，使建筑物外观更美观，并延长其使用时间。因此对于外墙装饰涂料的性能要求如下：

装饰性好：要求外墙装饰涂料色彩丰富且保色性优良，能较长时间保持原有的装饰性能。

耐候性好：因涂层长期暴露于大气中，要经受风吹、日晒、盐雾腐蚀、雨淋、冷热变化等作用，在这些外界自然环境的长期反复作用下，涂层易发生开裂、粉化、剥落、变色等现象，使涂层失去原有的装饰保护功能。因此，要求外墙在规定的使用年限内，涂层应不发生上述破坏现象。

耐沾污性好：由于我国不同地区的环境条件差异较大，对于一些重工业、矿业发达的城市，由于大气中灰尘及其他悬浮物质较多，会使易沾污涂层失去原有的装饰效果，从而影响建筑物外貌。因此，外墙涂料应具有较好的耐沾污性，使涂层不易被污染或污染后容易清洗掉。

耐水性好：外墙涂料饰面暴露在大气中，会经常受到雨水的冲刷。因此，外墙涂料涂层应具有较好的耐水性。

耐霉变性好：外墙涂料饰面在潮湿环境中易长霉。因此，要求涂膜具有抑制霉菌和藻类繁殖生长的功能（图 11-9）。

弹性要求高：裸露在外的涂料，受气候、地质等因素影响严重，外墙涂料应具有一定弹性，防止出现裂缝现象。

（1）溶剂型外墙涂料

溶剂型外墙涂料的主要品种为过氯乙烯外墙涂料，它是我国将合成树脂涂料用作建筑外墙装饰的最早品种之一。过氯乙烯外

图 11-9　霉变后的墙面

墙涂料以过氯乙烯树脂为主要成膜物质，并用少量其他树脂，再加入增塑剂、稳定剂、填料、颜料等物质，经捏和、混炼、塑化、切粒溶解、过滤等过程而制成的一种溶剂型外墙涂料。

过氯乙烯外墙涂料具有干燥快、施工方便、耐候性好、耐化学腐蚀性强、耐水、耐霉性好等特点，但由于过氯乙烯树脂溶剂释放性差，因而涂膜虽然表面干燥很快，但完全干透很慢，只有到完全干透之后才变硬并很难剥离。

溶剂型外墙涂料涂刷在外墙面以后，随着涂料中所含溶剂的挥发，容易污染环境。而且溶剂型外墙涂料的漆膜透气性差，又有疏水性，如果在潮湿基层上施工，容易产生起皮、脱落等现象。因此国内外这类外墙涂料的用量很少。

然而近年来发展起来的一些新型溶剂型涂料逐渐解决了这些问题。例如溶剂型丙烯酸外墙涂料，其耐候性及装饰性都很突出，施工周期也较短，且可以在较低温度下使用。

（2）乳液型外墙涂料

①乳液型外墙涂料的分类

乳液型外墙涂料是以高分子合成树脂乳液为主要成膜物质的外墙涂料。按乳液制造方法不同可以分为两类：一是由单体通过乳液聚合工艺直接合成的乳液；二是由高分子合成树脂通过乳化方法制成的乳液。

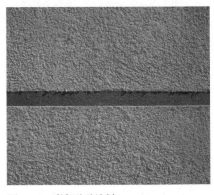

图 11-10 彩色砂壁涂料

按涂料的质感又可分为外墙乳胶漆（薄型乳液涂料）、厚质涂料及彩色砂壁状涂料（图 11-10）等。

②乳液型外墙涂料的主要特点

a. 以水为分散介质，涂料中无易燃的有机溶剂，因而不会污染周围环境，不易发生火灾，对人体的毒性小。

b. 施工方便，可刷涂，也可滚涂或喷涂，施工工具可以用水清洗。

c. 涂料透气性好，且含有大量水分，因而可在稍湿的基层上施工，非常适宜于建筑工地的应用。

d. 乳液型外墙涂料的耐候性良好，尤其是高质量的丙烯酸酯外墙乳液涂料其光亮度、耐候性、耐水性及耐久性等各种性能可以与溶剂型丙烯酸酯类外墙涂料媲美。

但是乳液型外墙涂料存在的主要问题是其在太低的温度下不能形成优质的涂膜，通常必须在 10℃以上施工才能保证质量，因而冬季一般不宜应用。

（3）无机矿物外墙涂料

无机矿物外墙涂料是由无机矿物和无机黏合剂组成的涂料，主要成分是碱金属硅酸盐（水玻璃）、无机色素、矿物填料等。

①无机矿物外墙涂料的特点

由于无机矿物外墙涂料属于无机涂料的一种。因而具备了无机涂料所具有的特点：牢固性、阻燃性、透气性、灭菌性及抗苔藓滋生功能、耐候性以及环保性。

无机矿物外墙涂料多数呈碱性，更适合于在同样显碱性的水泥和灰砂等基层上应用，而且可与这些基材中的石灰产生化学反应生成硅酸钙晶体，能够和基层形成一体，因而其附着力特别好。非常适合用于建筑外墙涂料（图 11-11）。

②无机矿物外墙涂料施工要点

a. 施工的墙面必须平整、坚固、耐久。用于基层找平泥子必须是外墙专业泥子，符合国家检测标准。对于使用外保温系统的外墙找平，建议使用高聚合物防开裂外墙专用泥子。泥子批刮干燥后，须反复打磨平整。

b. 墙面必须清洁、无污渍。如果有油污，可用清洁剂清洗；

图 11-11 无机矿物外墙涂料

如有泛碱起霜的现象，可用硫酸锌或稀硫酸清洗，然后用清水清洗干净，清洗后最少 24 小时后才能涂刷第一遍涂料。涂刷涂料前，须将墙面的浮灰清扫干净。

c.施工前应注意天气预报和天气变化，避免雨雪来临前进行施工作业。

d.基底施工必须使用专用水泥基泥子批底，这一点至关重要。要求基底必须刚性坚硬，才能保证硅酸盐矿物涂料不龟裂。基层表面要求坚实、干净、无粉化、脱皮。确保基层含水率小于 10%，pH 值小于 10。

2．内墙装饰涂料

内墙涂料的主要功能是装饰及保护室内墙体，使其美观整洁。内墙涂料的色彩适宜淡雅柔和，营造出舒适的居住环境（图 11-12）。

图 11-12 乳胶漆装饰效果

（1）内墙涂料的特点

① 色彩丰富、涂层细腻、遮盖力好。

② 耐水性、耐擦洗性好。

③ 具有一定的透气性，在较为潮湿的基材上可以施工，不会发生涂层起鼓等弊病。

④ 施工性好、无流挂。

（2）内墙涂料施工要求

内墙乳胶漆的施涂比较简单，可用刷涂、滚涂、喷涂等各种形式施工。但施工必须注意以下几个方面：

① 施工基层必须平整坚固，不得有粉化、起砂、空鼓、脱落现象，基层不平处和麻面可用内墙涂料配套的泥子刮平，泥子干燥后再用砂纸磨平，清除浮粉，即可施工。

② 施工工具有软毛刷、排笔、毛辊、喷枪等，可根据不同的施工方法选用。

③ 采用辊涂时，可用羊毛或人造毛辊。毛辊滚涂时不可蘸料过多，以免产生流淌。一般辊涂 2 遍，其间隔应在 2 小时以上。

④一般内墙乳胶漆的最低施工温度为 5℃，因此避免在低温下施工，以免涂层不能成膜，影响涂层质量。

（3）溶剂型内墙涂料

溶剂型内墙涂料与溶剂型外墙涂料基本相同，由于透气性差，易结露，且施工时有较大量的有机溶剂，因此现已较少用于住宅内墙装饰。

①溶剂型内墙涂料的特性

溶剂型内墙涂料涂层光洁度好，易于清洗，耐久性好，是水溶型和乳液型内墙涂料无法达到的，目前主要用于大型厅堂、室内走廊、门厅等部位（图 11-13）。可用作内墙装饰的溶剂型涂料主要有过氯乙烯涂料、聚乙烯醇缩丁醛涂料、丙烯酸酯涂料、聚氨酯涂料等。

建筑装饰涂料中使用较多的木质油漆就属于溶剂型涂料。还有一种是以前经常使用的仿瓷涂料也属于溶剂型内墙涂料。

图 11-13 聚氨酯涂料装饰效果

②仿瓷涂料

仿瓷涂料又称瓷釉涂料，是一种装饰效果酷似瓷釉饰面的建筑涂料。其主要成膜物质是溶剂型树脂，包括常温交联固化的双组分聚氨酯树脂、双组分丙烯酸－聚氨酯树脂、单组分有机硅改性丙烯酸树脂等，并加以颜料、溶剂、助剂配制而成的瓷白、淡蓝、奶黄、粉红等多种颜色的带有瓷釉光泽的涂料。其漆膜光亮、坚硬、丰满，酷似瓷釉，具有优异的耐水性、耐碱性、耐磨性、耐老化性，并且附着力极强，常用于医院等地。

（4）水溶性内墙涂料

水溶性内墙涂料是以水溶性化合物为基料，加入适量的填料、颜料和助剂，经过研磨、分散后制成的。水溶性内墙涂料由于耐水性、耐洗刷性均不太高，难以满足内墙装饰的功能要求，因而使用范围较少。

目前，常用的水溶性内墙涂料有聚乙烯醇水玻璃内墙涂料，聚乙烯醇缩甲醛内墙涂料和改性聚乙烯醇内墙涂料。

（5）合成树脂乳液型内墙涂料

合成树脂乳液型内墙涂料是以合成树脂乳液为基料的薄型内墙涂料，一般用于室内墙面装饰，简称乳胶漆。

①乳胶漆的优点

a. 安全无毒无味。

b. 施工方便，可以刷涂也可辊涂、喷涂、抹涂、刮涂等，施工工具可以用水清洗。

c. 涂层干燥迅速，一天可以涂刷二三道，因而施工效率高、成本低。

②常用内墙乳胶漆

目前常用的品种有苯－丙乳胶漆、乙－丙乳胶漆、聚醋酸乙烯乳胶漆、氯偏乳胶漆等。

a. 苯－丙乳胶漆

苯－丙乳胶漆是由苯乙烯、甲基丙烯酸等三元共聚乳液为主要成膜物质，掺入适量的填料、颜料和助剂，经研磨、分散后配置而成的一种各色无光的内墙涂料。用于内外墙装饰，该类涂料具有良好的耐候性、耐水性、耐碱性、抗粉化和抗沾污性，因而价格比较高，属高档内墙装饰涂料。

b. 乙－丙乳胶漆

乙－丙乳胶漆是以聚醋酸乙烯与丙烯酸酯共聚乳液为主要成膜物质，掺入适量的填料、颜料和助剂，经研磨、分散后配置而成的一种半光或有光的内墙涂料。

c. 聚醋酸乙烯乳胶漆

聚醋酸乙烯乳胶漆是以聚醋酸乙烯乳液为主要成膜物质，掺入适量的填料、颜料和助剂经加工而成的水乳型涂料。该类涂料黏结力强，流动性好，成本低。但脆性大，需添加外增塑剂。易水解，耐化学品性差，不耐碱。

d. 氯偏乳胶漆

氯偏乳胶漆是以聚氯乙烯偏氯乙烯共聚乳液为主要的成膜物质，添加少量其他合成树脂水溶液共聚液体为基料，掺入不同品种的颜料、填料及助剂等配置而成。氯偏乳胶漆无毒、无臭、不燃，能在稍潮湿基面上施工，成膜性能优良，结膜致密，成膜后透气率大大低于油性漆、普通乳胶漆。

氯偏乳液涂料是一种广泛用于防渗工程及配制成各种用途的功能涂料，如防潮涂料、防霉涂料、防火涂料、地面涂料、混凝土养生液、聚合水泥砂浆等。

（6）其他内墙涂料

①多彩涂料

多彩涂料又称多彩花纹涂料，以其丰富的色彩、多变的构图、具有立体感的装饰效果曾一度广泛应用于建筑物的内外墙装饰（图 11-14）。

图 11-14　多彩涂料装饰效果

a. 多彩涂料的特性

传统的多彩花纹涂料由不相混溶的两相组成，其中一相为连续相，另一相为分散相，分散相以大小为肉眼可见的液滴分散在连续相中。在分散相中，有两种或两种以上的着色粒子，在含有稳定剂的分散介质中均匀地悬浮，并在其中呈现稳定状态。

涂装时一般需先做好底涂层和中涂层，然后喷涂多彩花纹，涂料干燥后着色粒子相互凝结成为坚实的多彩涂层。

b. 传统多彩花纹涂料的缺陷

生产和施工较复杂，成本较高；

或多或少含有挥发性有机溶剂，易造成环境污染；

色粒易沉淀渗色，不利于贮运；

只能采用喷涂施工，施工要求较高。

②隐形变色发光涂料

该涂料在普通光线下为白色，在紫外灯的光线照射下呈现出各种美丽的色彩。用于舞厅、迪厅、酒吧和咖啡屋等场所。

③云彩涂料

云彩涂料是液体壁纸的前身，是以高分子聚合物乳液和云母珠光钛颜料再加上各种助剂精制而成的一种高档装饰涂料（图 11-15），是艺术涂料的一个品种。1992 年从意大利引进到国内，曾用名云彩涂料、梦幻涂料、丝绸幻彩涂料、金光九彩涂料、镭射丝绸梦幻涂料等。它具有涂膜附着力强，耐擦洗，耐高温，耐酸碱，抗老化，不粉化，不起皮，阻燃防火，寿命长，20 年使用历久如新，施工简单快捷等特点。

图 11-15 云彩涂料装饰效果

④静电植绒涂料

静电植绒涂料是先在基体表面涂或喷一层底涂，再用静电植绒机将合成纤维短绒头"植"在涂层上（图 11-16）。它具有不反光、无气味、不褪色、吸声好的优点，但不能擦洗，耐潮湿性和耐污染性较差。一般用于影院、礼堂、影音室等声学，功能空间。

⑤彩砂涂料

又称砂壁涂料，是由合成树脂、彩色石英砂、无机色料和各种助剂组成的，形态为水性厚浆状乳胶涂料（图 11-17）。依据选用

图 11-16 植绒涂料装饰效果

彩色石英砂的颜色，可以配成各种色彩（单色或复色）。通过彩色石英砂的砂粒大小，可以调节涂膜装饰效果。

彩砂涂料无毒、不燃、附着力强、保色性及耐候性、耐水、耐酸碱腐蚀性好，色彩丰富立体感较强。但易污染沾尘。可调配成外观仿造天然石料的品种，俗称仿真石漆。

彩砂涂料可用作内外墙面装饰，也可用于地坪涂料。材料中可选用多种颜色的颗粒状的彩色石英砂，这不仅赋予地坪优美的装饰性能，而且保障了地坪的高抗压性和高耐磨性。所以彩砂环氧树脂地坪（图11-18）不仅适用于工业地坪，也适用于商业及民用建筑地面。

图 11- 17 彩砂涂料电视背景效果

图 11-18 彩砂环氧树脂地坪

11.2 建筑装饰涂料施工工艺

涂料是指涂覆在被保护或被装饰的物体表面，因而不管什么类型的建筑装饰涂料，其施工工艺基本流程都是一样的。

1. 基层检查

检查被涂覆物体表面基层状况。不同类型的建筑装饰涂料对于基层的要求不同，例如：纸面石膏板基层应按设计要求对板缝、钉眼进行处理；木质基层表面应平整光滑、颜色谐调一致，无污染、裂缝、残缺等缺陷；金属基层表面应进行除锈和防锈处理。

施工前，必须检查被涂覆物体表面的基层状况是否符合要求。如有不符之处，必须通过手段对基层进行处理使其达到施工要求，方可进行下一道工序（图11-19）。

2. 底层处理

对于基层使用基层底料批刮。在基层满足施工要求后，就开始进行涂料底层处理。基本的涂料底层处理方法是嵌批泥子。嵌批泥子时要将整个被涂覆物全部填到、填严。要求所嵌批的泥子薄、光滑、平整、垂直（图11-20）。分层嵌批时，须等上一道泥子充分干燥，并经打磨后，再进行下一道泥子的嵌批。

图 11- 19 石膏板基层处理　　　　图 11- 20 泥子批刮

3. 打磨

打磨是涂饰工艺中不可缺少的关键环节，涂料施工的好与坏大部分取决于打磨工艺的好坏。因此必须重点关注。根据不同的涂料施工方法，选用不同的打磨工具进行打磨，而且在某些涂料的施工要求中，在最后一道面层涂料施涂之前，还需要进行一次打磨工序，以达到更加细腻、光泽的工艺要求。打磨工序结束后，应除去表面的灰尘，再进行下一道工序。

4. 施涂

施涂是涂料施工最后一道工序，因而也是最为关键的一道工序。施涂的方法有很多种，具体要看不同类型涂料的要求以及设计要求。

①刮涂：刮涂是采用刮刀对黏稠涂料进行涂饰的一种方法，有作油性清漆、涂布大漆、硝基清漆等。

现代家具及家装工作中，刮涂多用于刮涂泥子或填充剂。

刮涂操作有两种，即局部嵌补和全面满刮（批刮）。

局部嵌补：是将被涂装物表面缺陷如虫眼、钉眼、裂纹、碰伤等用泥子补平，周围不能有多余残留。多用于木质油漆基层处理（图 11-21）。

全面满刮：是用填孔着色剂或泥子在整个被涂物表面上刮涂，表面上不允许残留有多余的填充剂或泥子，多余填充剂用布擦去，多余的泥子干后磨去。多用于室内外装饰涂料的底层处理。

② 滚涂：是利用涂料辊进行涂饰的施工方法（图 11-22）。多用于室内墙面装饰涂料的涂饰。

利用涂料辊的不同种类，可以容易地制造出不同的滚涂效果。使用滚涂辊时需非常小心，因为在滚涂过程中会出现涂料辊的痕迹，如果掌握不好，容易出现花痕，直接影响涂料涂饰后的效果。

③ 喷涂：是利用无气喷枪，通过压力直接喷出的，从一定细的喷枪口径中喷出的乳胶漆是呈雾状的，能均匀被墙体黏附和均匀吸附。可分为空气喷涂、无空气喷涂、静电喷涂等。多用于室内外墙面装饰涂料的施工以及木质油漆的涂饰施工中（图 11-23）。

图 11-21 局部嵌补

图 11-22 滚涂

喷涂特点是速度快，涂料呈雾状与被涂覆物接触，颗粒均匀，手感光滑细腻，较平整，涂饰过程无死角。缺点是浪费材料，成品保护麻烦，在喷涂过程中的雾化容易造成污染环境。如出现磕碰，修补过程易出现色差。

④ 刷涂：是指人工利用漆刷蘸取涂料对被涂覆物进行涂饰的方法（图 11-24）。

其优点是：工具简单，施工简便，易于掌握，灵活性强，适用性强，节省涂料；对于边角、沟槽及其设备底座等特殊位置和狭窄区域，其他施工方式难以涂装的部位，常采用手工刷涂方法施工。

图 11-23 乳胶漆喷涂

图 11-24 刷涂

刷涂的缺点是：手工操作，生产效率低，劳动强度大。对于干性较快的和流平性较差的涂料，刷涂容易留下刷痕以及膜厚不均匀现象，影响涂膜的平整度和装饰效果。

不同的建筑装饰涂料在其施工的过程中，涂饰的手法与要求不是一成不变的，为了达到装饰及保护效果，通常会几种涂饰方法结合起来使用。

【案例点评】

装饰涂料应用案例——葡萄牙"Leiria 住宅"

这套在葡萄牙 Leiria 郊区的房子，由葡萄牙建筑师 Manuel Aires Mateus 在 2010 年完成，属于极简风格的建筑。整个设计形体非常简单，却又非常与众不同（图 11-25）。设计师为了保证卧室的私密性，将卧室设置在街道地下，整个公共区孤立在地面之上，并且整栋建筑没有一扇窗户。在建筑的外立面建筑材料的使用上，除了白色建筑装饰涂料外，没有使用任何其他的建筑装饰材料。

在室内，设计师同样将极简主义继续到底。在室内装饰上，设计师放弃了其他的装饰材料，只使用了装饰涂料来表现自己的设计（图 11-26）。

白色的外墙涂料，白色的内墙乳胶漆，灰白色木质漆地面，再配合极简的建筑形体，几何形体样式的白色家具，将极简的风格推向了极致。

图 11-25 Leiria 住宅

图 11-26 Leiria 住宅

【课后练习】

学生分组讨论，上交一份关于建筑涂料装饰材料的分析报告。自由选择几种建筑装饰涂料，分析这几种装饰涂料的功能、应用范围，在不同环境、不同设计要求下的施工工艺，以及这些涂料的应用局限性。并通过图书馆资料、网络资料，试着讨论这些涂料的发展方向以及未来的涂料发展方向。

【拓展阅读】

《新型建筑材料》是由中国新型建筑材料工业杭州设计研究院编制出版，全面面向新型建筑材料行业的大型科技月刊，以传播新型建筑材料的科研、生产、应用和设计等方面的成果和经验，以新型建筑材料的开发和推广应用服务为己任，导向性、先进性与实用性并举。同学们可以通过阅读《新型建筑材料》及时了解最新的建筑装饰材料信息。